工业和信息化
人才培养规划教材

Industry And Information
Technology Training
Planning Materials

C# 程序设计
项目式教程

高职高专计算机系列

the C# Programming Language

鄢军霞 ◎ 主编
杨国勋 王燕波 孙琳 ◎ 副主编
王路群 ◎ 主审

人民邮电出版社
北京

图书在版编目（CIP）数据

C#程序设计项目式教程 / 鄢军霞主编. —— 北京：人民邮电出版社, 2014.8（2022.1重印）
工业和信息化人才培养规划教材. 高职高专计算机系列
ISBN 978-7-115-36130-1

Ⅰ. ①C… Ⅱ. ①鄢… Ⅲ. ①C语言—程序设计—高等职业教育—教材 Ⅳ. ①TP312

中国版本图书馆CIP数据核字（2014）第130510号

内 容 提 要

本书通过实际的案例，全面阐述了使用 Visual C#2010 开发应用程序的基本知识。本书分为 7 章，主要内容包括 Visual C#2010 的开发环境；C#程序的变量和数据类型等基本语法，C#的语句结构、操作字符串、面向对象中类与对象的基本知识，面向对象的高级应用，基于 Windows 的程序设计；使用 ADO.NET 管理数据；使用 LINQ 访问数据等。

本书适合 C#编程学习的入门者，也适合有一定 C#基础且想继续深入学习 C#编程的读者，可以作为高职高专院校学生的学习用书和教师的参考用书。

◆ 主　编　鄢军霞
　　副 主 编　杨国勋　王燕波　孙　琳
　　主　审　王路群
　　责任编辑　王　威
　　责任印制　杨林杰

◆ 人民邮电出版社出版发行　北京市丰台区成寿寺路 11 号
　　邮编　100164　电子邮件　315@ptpress.com.cn
　　网址　https://www.ptpress.com.cn
　　涿州市京南印刷厂印刷

◆ 开本：787×1092　1/16
　　印张：14.75　　　　　2014 年 8 月第 1 版
　　字数：377 千字　　2022 年 1 月河北第 5 次印刷

定价：35.00 元

读者服务热线：(010)81055256　印装质量热线：(010)81055316
　　　　　　　反盗版热线：(010)81055315

前 言 PREFACE

微软为了推行.NET 战略，特别为.NET 平台设计了一种新语言——C#。C#是由 C 和 C++发展而来的一种"简单、高效、面向对象、类型安全"的程序设计语言，综合了 Visual Basic 的高效率和 C++的强大功能。C#已成为.NET 平台的主流语言，它是.NET 的关键语言，是整个.NET 平台的基础。

本书作为全国骨干校计算机及相关专业指定教材，针对全国骨干校软件工程职业学院的特点，以够用为度、深入浅出、重视动手及实际操作技能的培养为目的，适合具有一定计算机基础知识的学生作为教材或自学用书。

本书的读者可以是编程的入门者，甚至可以完全没有编程经验。本书从基本的语法开始，一步一步、深入浅出地介绍应如何使用 C#语言进行各种应用程序的设计。通过学习本书的实例并借助 C#语言的强大功能，读者可以很快从基础学习到如何进行数据库编程设计。同时，本书也适合作为职业院校教师的参考用书。

在内容的安排上，本书以.NET 4.0 和 Visual C# 2010 为基础进行介绍。第 1 章主要讲解 C#概述和.NET 集成开发环境，以及 C#数据类型、变量和常量、运算符的应用、C#语句结构等内容。第 2 章介绍操作字符串的相关知识。第 3 章介绍面向对象的相关概念以及面向对象程序设计中类的定义，包括字段、属性、方法、构造函数、索引器、静态成员的定义与使用，对象创建等基本知识内容。第 4 章介绍面向对象思想的三个核心要素，即继承、封装与多态，以及密封类、抽象类、接口、委托与事件等相关知识。第 5 章介绍 Windows 程序的基本结构、窗体、属性和事件，Windows 程序常用控件以及这些控件的使用方法等内容。第 6 章介绍在 C#中使用 ADO.NET 管理数据的相关技术，主要包括如何使用命令对象和数据集来访问 SQL Server 数据库数据的技术。第 7 章介绍在 C#中使用 LINQ 访问数据的相关技术，主要包括 LINQ to DataSet 和 LINQ to SQL 的使用方法，以及如何使用 DataGridView 控件来显示查询数据。

本书深入浅出，从最基本的语法开始讲起，逐步深入到面向对象、Windows 程序设计、数据库高级编程方法。在介绍语法时，本书并没有像一些语法书一样教条而死板地讲定义，而是试图利用示例代码生动地让读者在实践中体会一个个知识点。通过认真分析示例代码和书中的讲解，对本书每一章后面的习题进行练习，读者可以很快掌握 C#语言的精髓。主要特点如下。

1. 案例与理论教学紧密结合

为了使读者能够快速理解 Visual C# 2010 中的相关技能并熟练运用，本书的每一章节中都由案例引入开始，导出问题，再讲述所需要使用的理论知识，最后由本章所讲述的理论知识完成本章的案例，让读者在实际的运用中更好地掌握相关理论知识。

2. 合理、有效的组织

本书按照由浅入深的顺序，循序渐进、系统地介绍了 Visual C# 2010 的相关知识和技能。各个章节的编写以实践应用为目标，理论知识的组织紧紧围绕实际应用技术组织和展开,实践的重要性得到体现。

3. 配有全部的程序源文件和电子教案

为方便读者使用,书中全部实例的源代码及电子教案均免费赠送给读者。读者可以从人民邮电出版社教学服务与资源网免费下载,网址为 www.ptpedu.com.cn。

本书由王路群担任主审,第1章、第5章由王燕波编写,第2章由孙琳编写,第3章、第4章由鄢军霞编写,第6章、第7章由杨国勋编写。此外,姚登峰、涂洪涛、董宁、陈娜、谢日星、李唯、张松慧参加了本书的编写工作,鄢军霞统编全稿。

本书是作者在多年的教学实践、科学研究以及项目实践的基础上,参阅了大量的国内外相关教材后,几经修改而成。

作者的学习成长离不开网络和书籍。在编写此书过程中,作者更是置身于现实的学术氛围中,无疑要吸纳与借鉴专家和同行们先进的学术思想、方法,在此深深地感谢他们给予的启迪和帮助。

由于编者水平有限,在内容选材和叙述上难免有不当之处,欢迎广大读者对本书提出批评和建议。E-mail: 826560859@qq.com 。

此书得到国家自然科学基金面上项目(61171114)、湖北省教育科学"十二五"规划2012年度立项课题(2012B259)以及北京高等学校青年英才计划项目(YETP1753)资助。

编者

2014年5月

目 录 CONTENTS

第1章 C#语法基础 1

1.1 C#和.NET集成开发环境 Visual Studio 2010   1
    1.1.1 认识C#   1
    1.1.2 安装Visual Studio 2010   2
    1.1.3 Visual Studio 2010界面介绍   5
1.2 认识C#程序   11
    1.2.1 命名空间的定义和使用   11
    1.2.2 指示符using   11
    1.2.3 class关键字   12
    1.2.4 声明Main方法   12
    1.2.5 给C#程序添加说明——注释   12
1.3 数据类型   13
    1.3.1 值类型   13
    1.3.2 引用类型   14
    1.3.3 类型转换   17
1.4 变量和常量   17
    1.4.1 变量的声明和使用   19
    1.4.2 变量的类型   20
    1.4.3 变量的作用域   20
    1.4.4 常量的声明和使用   21
1.5 运算符的应用   21
    1.5.1 算术运算符   21
    1.5.2 关系运算符   24
    1.5.3 逻辑运算符   25
    1.5.4 赋值运算符   26
    1.5.5 运算符的优先级   26
    1.5.6 运算符的结合顺序   27
1.6 C#语句结构   27
    1.6.1 分支选择结构   27
    1.6.2 循环结构   28
    1.6.3 异常处理语句   29
本章小结   31
习题   31

第2章 操作字符串 33

2.1 案例引入   33
2.2 字符串   34
    2.2.1 字符串的基本概念   34
    2.2.2 字符串的查找   36
    2.2.3 字符串的比较   39
    2.2.4 字符串的插入   40
    2.2.5 字符串的删除   41
    2.2.6 子字符串的获得   42
    2.2.7 字符串的替换   43
2.3 可变字符串   43
    2.3.1 StringBuilder简单介绍   43
    2.3.2 StringBuilder的作用   44
2.4 使用正则表达式   48
    2.4.1 正则表达式概述   48
    2.4.2 使用正则表达式替换文本   49
    2.4.3 使用正则表达式搜索   50
2.5 回到案例   52
本章小结   53
习题   54

第 3 章　面向对象的程序设计　55

- 3.1　案例引入　55
- 3.2　面向对象概述　55
- 3.3　类与对象　56
  - 3.3.1　类的定义　56
  - 3.3.2　对象的定义　57
- 3.4　字段与属性　57
  - 3.4.1　字段的定义　57
  - 3.4.2　字段的使用　59
  - 3.4.3　属性的定义　60
  - 3.4.4　属性的使用　63
- 3.5　方法　65
  - 3.5.1　方法的定义　65
  - 3.5.2　方法的调用　66
- 3.6　值类型与引用类型　69
  - 3.6.1　值类型与引用类型的区别　69
  - 3.6.2　装箱与拆箱　71
- 3.7　参数的传递　72
  - 3.7.1　按值传递　73
  - 3.7.2　引用传递　74
  - 3.7.3　ref 引用传递　76
  - 3.7.4　out 输出参数传递　77
- 3.8　方法的重载　79
- 3.9　构造函数　84
  - 3.9.1　构造函数概述　84
  - 3.9.2　默认构造函数　85
  - 3.9.3　显式声明的无参构造函数　86
  - 3.9.4　构造函数的重载　88
  - 3.9.5　指定初始值设定项　90
  - 3.9.6　readonly 修饰符　93
- 3.10　静态成员　93
  - 3.10.1　静态字段　94
  - 3.10.2　静态属性　94
  - 3.10.3　静态方法　95
  - 3.10.4　静态构造函数　96
  - 3.10.5　静态类　100
- 3.11　索引器　101
  - 3.11.1　索引器的定义　105
  - 3.11.2　索引器的使用　107
- 3.12　内部类和匿名类　111
  - 3.12.1　内部类　111
  - 3.12.2　匿名类　111
- 3.13　案例完成　112
- 本章小结　114
- 习题　114

第 4 章　面向对象的高级特性　115

- 4.1　案例引入　115
- 4.2　面向对象的三大特性　116
- 4.3　类的继承　116
- 4.4　构造函数的执行　119
- 4.5　访问修饰符　121
  - 4.5.1　类的可访问性　121
  - 4.5.2　类中各成员的可访问性　122
- 4.6　类的多态　126
  - 4.6.1　方法的重载　126
  - 4.6.2　成员的隐藏　126
  - 4.6.3　虚方法　128
  - 4.6.4　base 关键字　130
- 4.7　密封类　132
- 4.8　抽象类　134
- 4.9　接口　136
- 4.10　委托与事件　143
  - 4.10.1　委托　143
  - 4.10.2　事件　146
- 4.11　案例解决　148
- 本章小结　158
- 习题　158

第 5 章　Windows 应用程序　160

- 5.1 Windows 程序的基本结构　160
- 5.2 窗体、属性、事件　161
- 5.3 常用控件　162
  - 5.3.1 RadioButton 控件　162
  - 5.3.2 CheckBox 控件　164
  - 5.3.3 Panel 控件　166
  - 5.3.4 GroupBox 控件　167
  - 5.3.5 ListBox 控件　168
  - 5.3.6 ComboBox 控件　172
  - 5.3.7 ListView 控件　173
  - 5.3.8 TreeView 控件　175
- 5.4 菜单与上下文菜单　177
- 5.5 工具条　178
- 5.6 状态条　179
- 5.7 消息框　181
- 5.8 MDI　183
- 5.9 窗体跳转　187
- 本章小结　187
- 习题　187

第 6 章　使用 ADO.NET 管理数据　188

- 6.1 案例引入　188
- 6.2 ADO.NET 概述　189
- 6.3 数据库连接　190
- 6.4 命令对象　192
  - 6.4.1 创建命令对象　192
  - 6.4.2 执行 SQL 文本命令　193
  - 6.4.3 执行存储过程　194
- 6.5 数据读取器　196
  - 6.5.1 数据读取器概述　196
  - 6.5.2 查询数据　196
  - 6.5.3 获取表的信息　197
- 6.6 数据集　199
  - 6.6.1 数据集与数据适配器　199
  - 6.6.2 数据集中的数据修改　200
  - 6.6.3 添加记录行　202
  - 6.6.4 在 DataSet 中访问多个表　203
- 6.7 回到案例　206
- 本章小结　210
- 习题　210

第 7 章　使用 LINQ 访问数据　211

- 7.1 案例引入　211
- 7.2 LINQ 概述　212
- 7.3 LINQ to Objects　212
- 7.4 LINQ to DataSet　214
- 7.5 LINQ to SQL　217
- 7.6 回到案例　223
- 本章小结　228
- 习题　228

第 1 章 C#语法基础

【本章学习目标】

本章主要讲解 C#概述和.NET 集成开发环境，以及 C#数据类型、变量和常量、运算符的应用、C#语句结构等内容。通过本章的学习，读者应该掌握以下内容：
- 了解 C#语言特点；
- 理解 C#程序的结构；
- 掌握变量和常量、运算符的应用、C#语句结构的使用。

1.1 C#和.NET 集成开发环境 Visual Studio 2010

1.1.1 认识 C#

C#（读作"C sharp"）是一种编程语言，它是为生成在.NET Framework 上运行的各种应用程序而设计的。C#简单、功能强大、类型安全，而且是面向对象的。C#凭借在许多方面的创新，在保持 C 语言风格的表现力和雅致特征的同时，实现了应用程序的快速开发。

C#语法表现力强，而且简单易学。C#的大括号语法使任何熟悉 C、C++或 Java 的人都可以立即上手。了解上述任何一种语言的开发人员通常在很短的时间内就可以开始使用 C#高效地进行工作。C#的生成过程比 C 和 C++简单，比 Java 更为灵活，没有单独的头文件，也不要求按照特定顺序声明方法和类型。C#源文件可以定义任意数量的类、结构、接口和事件。

C#语法简化了 C++的诸多复杂性，并提供了很多强大的功能，例如可为 null 的值类型、枚举、委托、lambda 表达式和直接内存访问。这些都是 Java 所不具备的。C#支持泛型方法和类型，从而提供了更出色的类型安全和性能。C#还提供了迭代器，允许集合类的实施者定义自定义的迭代行为，以便容易被客户端代码使用。语言集成查询（LINQ）表达式使强类型查询成为了一流的语言构造。

作为一种面向对象的语言，C#支持封装、继承和多态性的概念。所有的变量和方法，包括 Main 方法（应用程序的入口点），都封装在类定义中。类可能直接从一个父类继承，但它可以实现任意数量的接口。重写父类中的虚方法的各种方法，要求 override 关键字作为一种避免意外重定义的方式。在C#中,结构类似于一个轻量类。它是一种堆栈分配的类型,可以实现接口,但不支持继承。

在C#中,如果必须与其他Windows软件(如COM对象或本机Win32 DLL)交互,则可以通过一个称为"互操作"的过程来实现。互操作使C#程序几乎能够完成本机C++应用程序可以完成的任何任务。

1.1.2 安装Visual Studio 2010

Microsoft Visual Studio 2010是面向Windows Vista、Office 2010、Web 2.0的下一代开发工具,是对Visual Studio 2007的升级。

在安装Visual Studio 2010之前,首先确保IE浏览器版本为6.0或更高。同时,可安装Visual Studio 2010开发环境的计算机配置要求如下所示。

1. 软件要求

Visual Studio 2010 可以安装在以下操作系统上:

- Windows XP (x86) Service Pack 3—除Starter Edition之外的所有版本
- Windows Vista (x86 & x64) Service Pack 1—除Starter Edition之外的所有版本
- Windows 7 (x86 & x64)
- Windows Server 2003 (x86 & x64) Service Pack 2
- Windows Server 2003 R2 (x86 & x64)
- Windows Server 2008 (x86 & x64) Service Pack 2
- Windows Server 2008 R2 (x64)

支持的体系结构:

- 32 位 (x86)
- 64 位 (x64)

2. 硬件要求

- 配有1.6 GHz或更快处理器的计算机
- 1 024 MB 内存
- 3 GB 可用硬盘空间
- 5 400 RPM 硬盘驱动器
- DirectX 9视频卡,1 280 ×1 024或更高显示分辨率
- DVD-ROM 驱动器

当开发计算机满足以上条件后就能够安装Visual Studio 2010。安装Visual Studio 2010的过程比较简单。

(1)将Visual Studio 2010安装盘放到光驱中,光盘自动运行后会进入安装程序文件界面。如果光盘不能自动运行,可以双击setup.exe可执行文件,如图1-1所示。之后安装程序会自动跳转到"Visual Studio 2010安装程序"界面。

(2)进入Visual Studio 2010界面后可以看到这里有两个安装选项:安装Microsoft Visual Studio 2010和检查Service Release。一般情况下,单击第一项【安装Microsoft Visual Studio 2010】开始Visual Studio 2010的安装,如图1-2所示。

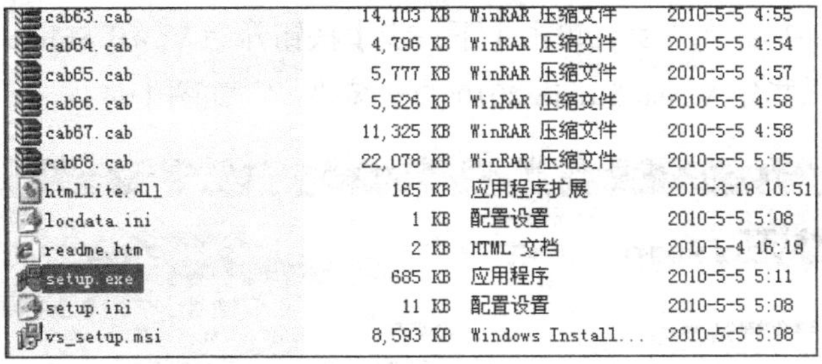

图 1-1　找到安装包中的 setup.exe 文件

图 1-2　Visual Studio 2010 安装界面

Visual Studio 2010 的安装程序在进行 Visual Studio 2010 的安装前首先会加载安装组件。这些组件为 Visual Studio 2010 的顺利安装提供了基础保障。用户必须等待安装程序完成加载组件后才能继续后面的安装步骤，如图 1-3 所示。

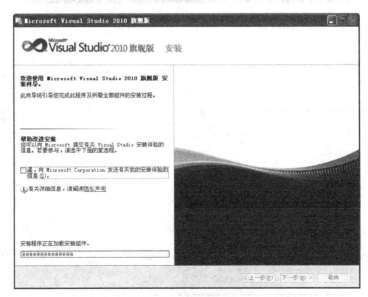

图 1-3　加载安装组件

（3）在安装组件加载完毕后，单击【下一步】按钮开始 Visual Studio 2010 的安装。在这个界面里，用户可以指定 Visual Studio 2010 的安装路径，如图 1-4 所示。

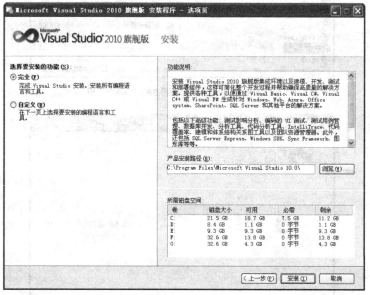

图 1-4　选择 Visual Studio 2010 安装路径

在这个界面里除了可以指定安装路径外，还可以选择相应的安装功能，用户可以选择"完全"和"自定义"。选择"完全"将安装 Visual Studio 2010 的所有组件。如果用户只需要安装几个组件，可以选择"自定义"进行组件的选择安装。

（4）在用户做好相应的选择后，单击【安装】按钮就开始 Visual Studio 2010 的安装，如图 1-5 所示。

图 1-5　Visual Studio 2010 的安装

图 1-5 中的安装界面显示了安装列表和当前安装进度。安装完毕后就会出现安装成功界面，说明已经在本地计算机中成功安装了 Visual Studio 2010。

1.1.3　Visual Studio 2010 界面介绍

1．主窗口

在 Visual Studio 2010 安装完成后，就可以进行.NET 应用程序的开发。Visual Studio 2010 极大地提高了开发人员对.NET 应用程序的开发效率。首先需要熟悉一下 Visual Studio 2010 开发环境。先来看看 Visual Studio 2010 的主窗口，如图 1-6 所示。

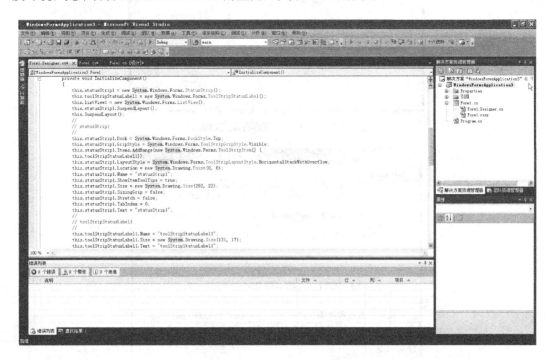

图 1-6　Visual Studio 2010 主窗口

如图 1-6 所示，Visual Studio 2010 主窗口包括多个子窗口。左侧是数据源和工具箱，当前处于折叠状态；中间是文档窗口，用于应用程序代码的编写和样式控制；下方是错误列表窗口，用于显示错误信息；右侧是资源管理器窗口和属性窗口，用于呈现解决方案，以及页面及控件的相应属性。

2．文档窗口

文档窗口用于代码的编写和样式设计。当用户开发的是基于 Web 的 ASP.NET 应用程序时，文档窗口是以 Web 的形式呈现给用户的，而代码视图则是以 HTML 代码的形式呈现给用户的。而如果用户开发的是基于 Windows 的应用程序，则文档窗口将会呈现应用程序的窗口或代码，如图 1-7 和图 1-8 所示。

当开发人员在进行不同的应用程序开发时，文档窗口也会自动呈现为不同的样式以方便开发人员使用。例如在 ASP.NET 应用程序中，其文档窗口包括三部分，如图 1-9 所示。

图 1-7 Windows 程序开发文档窗口

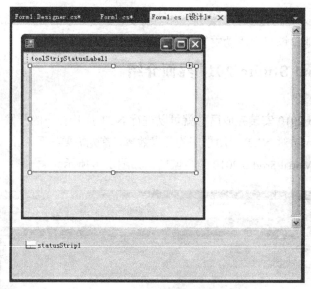

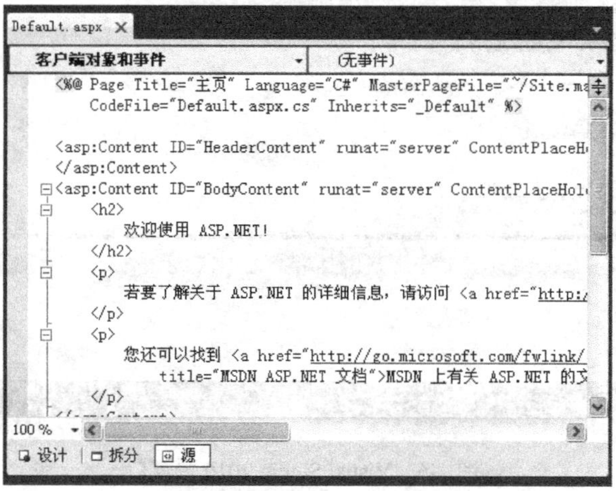

图 1-8 Web 程序开发文档窗口

图 1-9 文档窗口

开发人员可以通过使用这三部分进行高效开发，其具体功能如下。
- 页面标签：当进行多个页面开发时，会呈现多个页面标签。当开发人员需要在不同的页面之间切换时，可以通过页面标签进行快速切换。
- 视图栏：用户可以通过视图栏进行视图的切换。Visual Studio 2010 提供"设计"、"拆分"和"源代码"三种视图，开发人员可以选择不同的视图进行页面样式控制和代码的开发。
- 标签导航栏：标签导航栏能够进行不同标签的选择。可以通过标签导航栏进行标签或标签内容的选择。

开发人员可以灵活运用文档主窗口进行高效的应用程序开发。Visual Studio 2010 的视图栏窗口提供了拆分窗口，拆分窗口允许开发人员进行页面样式开发和代码编写。

3．工具箱

Visual Studio 2010 主窗口的左侧为开发人员提供了工具箱，工具箱中包含了 Visual Studio 2010 对.NET 应用程序所支持的控件。对于不同的应用程序开发而言，在工具箱中所显示出来的工具也不同。工具箱是 Visual Studio 2010 中的基本窗口，开发人员可以使用工具箱中的控件进行应用程序开发，如图 1-10 和图 1-11 所示。

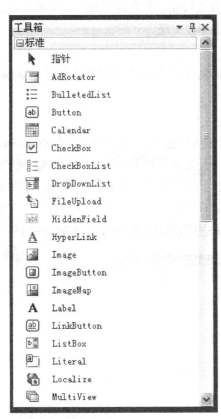

图 1-10　工具箱

图 1-11　选择类别

正如图 1-11 所示，系统默认为开发人员提供了数十种控件用于系统的开发，用户也可以添加工具箱选项卡进行自定义组件的存放。Visual Studio 2010 为开发人员提供了不同类别的控件。这些控件被归为不同的类别，开发人员可以按照需求进行相应类别的控件的使用。开发人员还能够在工具箱中添加现有的控件。右击工具箱空白区域，在下拉菜单中选择【选择项】选项，系统会弹出窗口用于开发人员对自定义控件的添加，如图 1-12 所示。

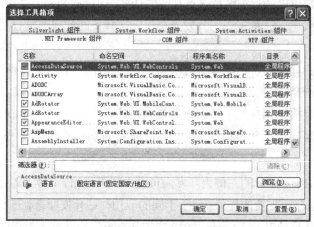

图 1-12　添加自定义组件

组件添加完成后就会显示在工具箱中，开发人员能够将自定义的组件曳放在主窗口中进行应用程序中相应功能的开发，而无需通过复杂编程实现。

注意：

开发人员能够使用他人已经开发好的自定义组件进行.NET 应用程序开发，这样就无需通过编程实现重复的功能。

4．解决方案资源管理器

在 Visual Studio 2010 的开发中，为了方便开发人员进行应用程序开发，在 Visual Studio 2010 主窗口的右侧会显示一个解决方案资源管理器。开发人员可以在解决方案资源管理器中进行相应文件的选择，双击后相应文件的代码就会显示在主窗口，如图 1-13 所示。开发人员还可以单击解决方案资源管理器下方的服务器资源管理器窗口进行服务器资源的管理。服务器资源管理器还允许开发人员在 Visual Studio 2010 中进行表的创建和修改，如图 1-14 所示。

图 1-13　解决方案资源管理器

图 1-14 服务器资源管理器

解决方案资源管理器就是对解决方案进行管理。解决方案可以想象成一个软件开发的整体方案，这个方案包括程序的管理、类库的管理和组件的管理。开发人员可以在解决方案资源管理器中通过双击文件名来进行相应文件的编码工作，也能够进行项目的添加和删除等操作。

在应用程序开发过程中，通常需要多名开发人员同时进行不同组件的开发。解决方案资源管理器就能解决这个问题。不同的项目都在一个解决方案中进行互相的协调和相互的调用。

5．属性窗口

Visual Studio 2010 提供了非常多的控件，开发人员能够使用 Visual Studio 2010 提供的控件进行应用程序的开发。每个控件都有自己的属性，通过配置不同控件的属性可以实现复杂的功能。控件属性如图 1-15 和图 1-16 所示。

图 1-15 控件的样式属性

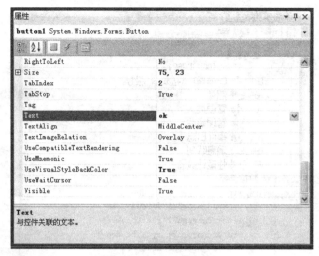

图 1-16 控件的数据属性

在控件的属性配置中,可以为控件进行样式属性的配置,包括配置字体的大小、字体的颜色、字体的粗细、CSS 类等相关的控件所需要使用的样式属性。有些控件还需要进行数据属性的配置。

6．错误列表窗口

在应用程序的开发中,通常会遇到错误,这些错误会在错误列表窗口中呈现。开发人员可以单击相应的错误进行错误的跳转。如果应用程序中出现编程错误或异常,系统会在错误列表窗口呈现,如图 1-17 所示。

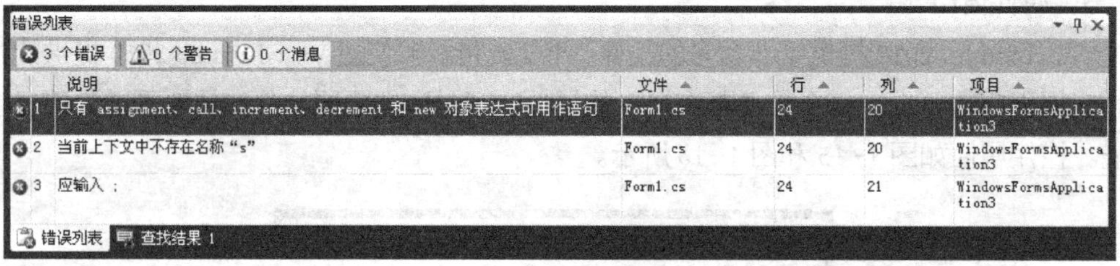

图 1-17 错误列表窗口

错误列表窗口中包含错误、警告和消息选项卡,这些选项卡中的错误的安全级别不尽相同。对于错误选项卡中的错误信息,通常是语法上的错误。如果存在语法上的错误,则不允许应用程序的运行。而对于警告和消息选项卡中信息的安全级别较低,只是作为警告而存在,通常情况下不会危害应用程序的运行和使用。警告选项卡如图 1-18 所示。

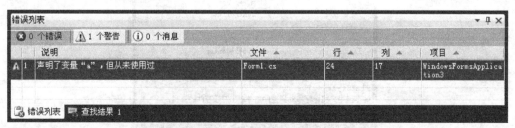

图 1-18 警告选项卡

在应用程序中如果出现了变量未使用或者在页面布局中出现了布局错误，都可能在警告选项卡中出现警告信息。双击相应的警告信息会跳转到应用程序中相应的位置，方便开发人员对于错误的检查。

1.2 认识 C#程序

1.2.1 命名空间的定义和使用

使用 C#编程时，通过两种方式大量使用命名空间。首先，.NET Framework 使用命名空间来组织它的众多类，如下所示。

```
System.Console.WriteLine("Hello World!");
```

System 是一个命名空间，Console 是该命名空间中的类。可以使用 using 关键字，因此不必使用完整的名称，如以下示例所示。

```
using System;
Console.WriteLine("Hello");
Console.WriteLine("World!");
```

其次，在较大的编程项目中，声明自己的命名空间可以帮助控制类名称和方法名称的范围。使用 namespace 关键字可声明命名空间，如以下示例所示。

```
namespace SampleNamespace
{
    class SampleClass
    {
        public void SampleMethod()
        {
            System.Console.WriteLine(
                "SampleMethod inside SampleNamespace");
        }
    }
}
```

命名空间具有以下属性：

组织大型代码项目。

使用"."运算符将它们分隔。

using directive 不必为每个类指定命名空间的名称。

global 命名空间是"根"命名空间：global::System 始终引用.NET Framework 命名空间 System。

1.2.2 指示符 using

using 指令有两个用途：

允许在命名空间中使用类型，这样就不必在该命名空间中限定某个类型的使用：

```
using System.Text;
```
为命名空间或类型创建别名。这称为"using 别名指令"。
```
using Project = PC.MyCompany.Project;
```
using 关键字还用来创建 using 语句，此类语句有助于确保正确处理 IDisposable 对象（如文件和字体）。

1.2.3 class 关键字

类是使用关键字 class 声明的，如下面的示例所示。

```
class TestClass
{
    // Methods, properties, fields, events, delegates
    // and nested classes go here.
}
```

1.2.4 声明 Main 方法

Main 方法是 C#控制台应用程序或窗口应用程序的入口点。（库和服务不要求将 Main 方法作为入口点。）应用程序启动时，Main 方法是第一个调用的方法。

C#程序中只能有一个入口点。如果有多个类都包含 Main 方法，则必须使用/main 编译器选项编译程序，以指定用作入口点的 Main 方法。

```
class TestClass
{
    static void Main(string[] args)
    {
        // Display the number of command line arguments:
        System.Console.WriteLine(args.Length);
    }
}
```

1.2.5 给 C#程序添加说明——注释

C#使用传统的 C 风格的注释方式，即

单行注释：// ...

多行注释：/ * ... * /

除了 C 风格的注释外，C#还可以根据特定的注释自动创建 XML 格式的文档说明。这些注释都是单行注释，但都以 3 个斜杠///开头，注释以后可以自动生成说明文档。在这些注释中，可以把包含类型和类型成员的文档说明的 XML 标识符放在代码中。

还有一种折叠注释：#region，可以将代码折叠。

但是只有#region 所在行后面的字符被视作注释文字，而其他位于#region 和#endregion 之内的代码是有效的，仅属于被折叠范围。

1.3 数据类型

1.3.1 值类型

值类型主要由两类组成：
- 结构
- 枚举

结构分为以下几类：
- Numeric（数值）类型
  整型
  浮点型
  decimal
  bool
- 用户定义的结构

值类型的主要功能如下。

基于值类型的变量直接包含值。将一个值类型变量赋给另一个值类型变量时，将复制包含的值。这与引用类型变量的赋值不同。引用类型变量的赋值只复制对对象的引用，而不复制对象本身。

所有的值类型均隐式派生自 System.ValueType。

与引用类型不同，不能从值类型派生出新的类型。但与引用类型相同的是，结构也可以实现接口。

与引用类型不同，值类型无法包含 null 值。然而，可以为 null 的类型功能确实允许将 null 赋给值类型。

每种值类型均有一个隐式的默认构造函数来初始化该类型的默认值。

简单类型的主要功能：

所有的简单类型（C#语言的组成部分）均为.NET Framework 系统类型的别名。例如，int 是 System.Int32 的别名。

编译时计算操作数均为简单类型常数的常数表达式。

可使用文字初始化简单类型。例如，"A" 是 char 类型的文字，而 2001 是 int 类型的文字。

初始化值类型：

在使用 C#中的局部变量之前，必须对其进行初始化。例如，可能声明未进行初始化的局部变量，如以下示例所示。

```
int myInt;
```

那么在将其初始化之前，无法使用此变量。可使用下列语句将其初始化：

```
myInt = new int();    // Invoke default constructor for int type.
```

此语句是下列语句的等效语句：

```
myInt = 0;            // Assign an initial value, 0 in this example.
```

当然，可以用同一个语句进行声明和初始化，如下面示例所示。

```
int myInt = new int();
```

或

```
int myInt = 0;
```

使用 new 运算符时，将调用特定类型的默认构造函数并对变量赋以默认值。在上例中，默认构造函数将值 0 赋给了 myInt。

对于用户定义的类型，使用 new 来调用默认构造函数。例如，下列语句调用了 Point 结构的默认构造函数。

```
Point p = new Point(); // Invoke default constructor for the struct.
```

此调用后，该结构被认为已被明确赋值。也就是说，该结构的所有成员均已初始化为各自的默认值。

1.3.2 引用类型

引用类型的变量又称为对象，可存储对实际数据的引用。

包括以下用于声明引用类型的关键字：

（1）class

（2）interface

接口只包含方法、属性、事件或索引器的签名。实现接口的类或结构必须实现接口定义中指定的接口成员。在下面的示例中，类 ImplementationClass 必须实现一个不具有参数并返回 void 的名为 SampleMethod 的方法。

```
interface ISampleInterface
{
    void SampleMethod();
}

class ImplementationClass : ISampleInterface
{
    // Explicit interface member implementation:
    void ISampleInterface.SampleMethod()
    {
        // Method implementation.
    }

    static void Main()
    {
        // Declare an interface instance.
        ISampleInterface obj = new ImplementationClass();
```

```
        // Call the member.
        obj.SampleMethod();
    }
}
```

（3）delegate（委托）

委托类型的声明与方法签名相似，有一个返回值和任意数目任意类型的参数：

```
public delegate void TestDelegate(string message);
public delegate int TestDelegate(MyType m, long num);
```

delegate 是一种可用于封装命名或匿名方法的引用类型。委托类似于 C++中的函数指针；但是，委托是类型安全和可靠的。

内置引用类型：

1. dynamic

在通过 dynamic 类型实现的操作中，该类型的作用是绕过编译时类型检查，改为在运行时解析这些操作。dynamic 类型简化了对 COM API（例如 Office Automation API）、动态 API（例如 IronPython 库）和 HTML 文档对象模型（DOM）的访问。

在大多数情况下，dynamic 类型与 object 类型的行为是一样的。但是，不会用编译器对包含 dynamic 类型表达式的操作进行解析或类型检查。编译器将有关该操作信息打包在一起，并且该信息以后用于计算运行时操作。在此过程中，类型 dynamic 的变量会编译到类型 object 的变量中。因此，类型 dynamic 只在编译时存在，在运行时则不存在。

以下示例将类型为 dynamic 的变量与类型为 object 的变量对比。

```
class Program
{
    static void Main(string[] args)
    {
        dynamic dyn = 1;
        object obj = 1;

        // Rest the mouse pointer over dyn and obj to see their
        // types at compile time.
        System.Console.WriteLine(dyn.GetType());
        System.Console.WriteLine(obj.GetType());
    }
}
```

WriteLine 语句显示 dyn 和 obj 的运行时类型。此时，两者具有相同的整数类型。将生成以下输出：

```
System.Int32
System.Int32
```

2. object

object 类型在.NET Framework 中是 Object 的别名。在 C#的统一类型系统中，所有类型（预定义类型、用户定义类型、引用类型和值类型）都是直接或间接从 Object 继承的。可以将任何类型的值赋给 object 类型的变量。将值类型的变量转换为对象的过程称为"装箱"。将对象类型的变量转换为值类型的过程称为"取消装箱"。

下面的示例演示了 object 类型的变量如何接受任何数据类型的值，以及 object 类型的变量如何在.NET Framework 中使用 Object 的方法。

```csharp
class ObjectTest
{
    public int i = 10;
}
```

```csharp
class MainClass2
{
    static void Main()
    {
        object a;
        a = 1;   // an example of boxing
        Console.WriteLine(a);
        Console.WriteLine(a.GetType());
        Console.WriteLine(a.ToString());

        a = new ObjectTest();
        ObjectTest classRef;
        classRef = (ObjectTest)a;
        Console.WriteLine(classRef.i);
    }
}
```

3. string

string 类型表示一个字符序列（零个或更多 Unicode 字符）。string 是.NET Framework 中 String 的别名。

尽管 string 是引用类型，但定义相等运算符（==和!=）是为了比较 string 对象（而不是引用）的值。这使得对字符串相等性的测试更为直观。例如：

```csharp
string a = "hello";
string b = "h";
// Append to contents of 'b'
b += "ello";
Console.WriteLine(a == b);
```

```
Console.WriteLine((object)a == (object)b);
```
这将先显示"True",然后显示"False",因为字符串的内容是相同的,但是 a 和 b 引用的不是同一个字符串实例。

+运算符用于连接字符串:
```
string a = "good " + "morning";
```
这将创建一个包含"good morning"的字符串对象。

1.3.3 类型转换

由于 C#是在编译时静态类型化的,因此变量在声明后就无法再次声明,或者无法用于存储其他类型的值,除非该类型可以转换为变量的类型。例如,不存在从整数到任意字符串的转换。因此,将 i 声明为整数后,就无法将字符串"Hello"赋予它,如下面的代码中所示。

```
int i;
i = "Hello"; // Error: "Cannot implicitly convert type 'string' to 'int'"
```

但有时可能需要将值复制到其他类型的变量或方法参数中。例如,可能有一个整数变量,需要将该变量传递给参数类型化为 double 的方法,或者可能需要将类变量赋给接口类型的变量。这些类型的操作称为"类型转换"。在 C#中,可以执行以下几种类型的转换。

- 隐式转换:由于该转换是一种安全类型的转换,不会导致数据丢失,因此不需要任何特殊的语法。例如,从较小整数类型到较大整数类型的转换以及从派生类到基类的转换都是这样的转换。
- 显式转换(强制转换):显式转换需要强制转换运算符。在转换中可能丢失信息时或在出于其他原因转换可能不成功时,必须进行强制转换。典型的例子包括从数值到精度较低或范围较小的类型的转换和从基类实例到派生类的转换。
- 用户定义的转换:可以定义一些特殊的方法来执行用户定义的转换,从而使不具有基类—派生类关系的自定义类型之间可以显式和隐式转换。
- 使用帮助程序类的转换:若要在不兼容的类型之间进行转换,例如在整数与 System.DateTime 对象之间转换,或者在十六进制字符串与字节数组之间转换,则可以使用 System.BitConverter 类、System.Convert 类和内置数值类型的 Parse 方法,例如 Int32.Parse。

1.4 变量和常量

标识符:和其他高级语言一样,用来标识变量名、常量名、对象名、过程名等有效字符序列。标识符命名规则:(与 C 语言类似)

- 由数字、字母、下画线构成,只能用字母和下画线开头。
- 不能包括空格、标点符号、运算符等其他符号。
- 区分大小写。

- 不能与C#关键字相同。
- 不能与C#的类库名相同。

表1-1 C#关键字

abstract	event	new	struct
as	explicit	null	switch
base	extern	object	this
bool	false	operator	throw
break	finally	out	true
byte	fixed	override	try
case	Float	params	typeof
catch	for	private	uint
char	foreach	protected	ulong
checked	goto	public	unchecked
class	if	readonly	unsafe
const	implicit	ref	ushort
continue	in	return	using
decimal	int	sbyte	virtual
default	interface	sealed	volatile
delegate	internal	short	void
do	is	sizeof	while
double	lock	stackalloc	
else	long	static	
enum	namespace	string	

注意：

C#允许在变量名前加上前缀@。可以使用前缀@加上关键字作为变量的名称。这主要是为了与其他语言交互时避免发生冲突。

可以使用中文变量名（不推荐）：C#使用的是 Unicode 编码。它是一个完整的 16 位国际标准字符集。因为 C#计划在全球都可以编写程序，所以需要一个可以描述世界上所有语言的字符集——Unicode 字符集。C#支持 Unicode 字符集，意味着可以存储和使用任何语言中的字母来命名变量。

例：int x; int No.1; string total; char use; char @using; float Main;

变量命名常用表示法：（见名知意）

- 骆驼表示法：以小写字母开头，以后的每个单词都以大写字母开头，如 myBook, theFox,sizeOfChar 等。

- 匈牙利表示法：变量名=类型+对象描述。如 iMyCar 表示整型变量，cMyCar 表示字符变量。

1.4.1 变量的声明和使用

变量（Variable）：先声明后使用

变量的声明：声明变量名和变量类型将告诉编译器要为标量分配多少内存空间，以及变量中要存储什么类型的值。一般格式为

[属性][修饰符]数据类型变量名1，变量名2，变量名3，…，变量名n；

例：int num; byte myAge,myHeigth; long area,width,length;

为变量赋值：变量的赋值，就是将数据保存到变量的过程。

一般格式：变量名=表达式；

例：int num;num=5;

注意：

可以在程序的任何地方定义变量，只要在使用该变量之前定义它就是合法的。如

```
using System;
using System.Collections.Generic; using System.Text;
namespace ConsoleApplication1
{
  class Program
  {
    static void Main()
    {
      int a;    a=1;    intb=2;    int c;    c=a+b;
      Console.WriteLine(c);
    }
  }
}
```

使用未初始化的变量：

```
using System;
using System.Collections.Generic; using System.Text;
namespace ConsoleApplicationl
{
  class Program
  {
    static void Main(string[] args)
    {
      inta;
      Console.WriteLine("{0}", a);
```

        }
    }
}

和 C 语言不同，C#会出现编译错误：使用了未赋值的局部变量"a"。可见，C#不允许使用未经初始化的变量。

1.4.2 变量的类型

变量的类型：

在 C#语言中，把变量分为 7 种类型：静态变量（static variables）、非静态变量（instance variables）、数组元素（array elements）、值参数（value parameters）、引用参数（reference parameters）、输出参数（output parameters）和 局部变量（local parameters）。例如：

```
class A
{
    public static int x;    int y;
    void F(int[] v, int a, ref int b, out int c)
    {
      int i = 1;
      c=a+b++;
    }
}
```

x 是静态变量，y 是非静态变量，v 是数组元素，a 是值参，b 是引用参数，c 是输出参数，i 是局部变量。

1.4.3 变量的作用域

局部变量：在一个独立的程序块中，一个 for 语句、switch 语句或者 using 语句中声明的变量。它只在该范围中有效。当程序运行到这一范围时，变量生效，程序离开，编程失效。如：

```
using System;
using System.Collections.Generic; using System.Text;
namespace ConsoleApplication1
{
  class Program
  {
    static void Main(string[] args)
    {
      int x;
      x=10;
      if(x==10)
      {
```

```
        int y=20;
        Console.WriteLine("x and y:{0},{1}", x, y);
        x=y*2;
    }
    y=100;
    Console.WriteLine("xis",x);
  }
 }
}
```

1.4.4 常量的声明和使用

常量是在编译时已知并在程序的生存期内不发生更改的不可变值。常量使用 const 修饰符进行声明。只有 C#内置类型（System.Object 除外）可以声明为 const。用户定义的类型（包括类、结构和数组）不能为 const。请使用 readonly 修饰符创建在运行时初始化一次即不可再更改的类、结构或数组。

C#不支持 const 方法、属性或事件。

可以使用枚举类型为整数内置类型（如 int、uint、long 等）定义命名常量。

常量必须在声明时初始化。例如

```
class Calendar1
{
    public const int months = 12;
}
```

在此示例中，常量 months 始终为 12，不可更改，即使是该类自身也不能更改它。实际上，当编译器遇到 C#源代码（如 months）中的常量修饰符时，将直接把文本值替换到它生成的中间语言（IL）代码中。因为在运行时没有与常量关联的变量地址，所以 const 字段不能通过引用传递，并且不能在表达式中作为左值出现。

可以同时声明多个相同类型的常量，例如

```
class Calendar2
{
    const int months = 12, weeks = 52, days = 365;
}
```

1.5 运算符的应用

1.5.1 算术运算符

算术运算符用于完成算术运算，所涉及的操作对象有文本、常量、变量、表达式、函数调用以及属性调用等。例如，运算符"*"用于将其两边的操作数的值相乘。Visual C# 2010 的常用算术运算符及其使用方法可参见表 1-2。

表 1-2　C#的算术运算符

运算符	类别	示例表达式	结　　果
+	二元	var1 = var2 + var3; //x=y+z	var1 的值是 var2 与 var3 的和 //y=3,z=2,则 x=5
-	二元	var1 = var2 - var3; //x=y-z	var1 的值是从 var2 减去 var3 所得的值 // y=3,z=2,则 x=1
*	二元	var1 = var2 * var3; //x=y*z	var1 的值是 var2 与 var3 的乘积 // y=3,z=2,则 x=6
/	二元	var1 = var2 / var3; //x=y/z	var1 是 var2 除以 var3 所得的值 // y=3,z=2,则 x=1
%	二元	var1 = var2 % var3; //x=y%z	var1 是 var2 除以 var3 所得的余数 // y=3,z=2,则 x=1
-	一元	var1 = - var2; //x=-y	var1 的值等于 var2 的值乘以 - 1 // y=3,则 x=-3

对算术运算符说明如下。

（1）"%"为求余运算符，求两个数相除后的余数。

（2）进行除法运算时，如果两个操作数均为整数，则得到的结果也是整数，并不采用四舍五入规则，而是直接舍弃其小数部分。例如，"10/4"的结果为"2"，"15/4"的结果为"3"。

（3）算术运算符的优先级顺序由高到低依次为-（取负）、*、/、%、+、-（减）。

C#还有两种特殊的算术运算符：++（自增运算符）和--（自减运算符），其作用是使变量的值自动增加 1 或者减少 1。因此，x=x+1 和 x++是一样的；x=x-1 和 x--是一样的。

自增和自减运算符既可以在操作数前面（前缀），也可以在操作数后面（后缀）。

例如：

$$x=16; y=++x;$$
$$x=16; y=x++;$$

最终 x 的值都是 17。

但在前缀表示法的情况下，y 被赋值为 17；而在后缀表示法中，y 被赋值为 16。

也就是说，前缀表示法与后缀表示法有很大的区别。如果带有自增（自减）运算符（++/--）的变量出现在表达式中，前缀表示法的执行过程是：先使变量的值加（减去）1，再执行其他运算；而后缀表示法则是先执行其他运算，再使变量的值加（减去）1。

Visual C# 2010 的常用算术运算符的学习可参考下列代码。

```
using System;
using System.Collections.Generic;
using System.Linq;
using System.Text;
```

```csharp
namespace 算术运算
{
    class Program
    {
        static void Main(string[] args)
        {
            int num1, num2, int_add, int_div, int_mod;
            double double_div, double_mod;
            int front_add_self, back_add_self;
            num1 = 7;
            num2 = 2;

            int_add = num1 + num2;          // "="为赋值运算符,将其左边
的运算结果赋给右边的变量
            int_div = num1 / num2;
            int_mod = num1 % num2;

            double_div = (double)num1 / num2;//(double)的作用是强制
类型转换,即将 num1 转换为 double 类型
            double_mod = (double)num1 % num2;

            front_add_self = ++num1;
            back_add_self = num1++;

            Console.WriteLine("***");
            Console.WriteLine("7 + 2= {0}",int_add);//Console.
WriteLine 的输出格式,//{0},用来调用","后面的参数
            Console.WriteLine("7 / 2= {0}", int_div);
            Console.WriteLine("7 % 2= {0}", int_mod);
            Console.WriteLine("7.0 / 2= {0}", double_div);
            Console.WriteLine("7.0 % 2= {0}", double_mod);
            Console.WriteLine("***");
            Console.WriteLine("7++ = {0}", front_add_self);
            Console.WriteLine("++7 = {0}", back_add_self);
            Console.WriteLine("***");
        }
```

```
    }
}
```
实例的运算结果：
```
***
7 + 2= 9
7 / 2= 3
7 % 2=1;
7.0 / 2= 3.5
7.0 % 2=1;
***
7++ = 8
++7 = 8
***
```

注意：

当"+"运算符两边的操作数是字符串时，其不再是算术运算符，而叫做字符串连接运算符，用于连接两个字符串。字符串连接表达式的结果仍为字符串类型的数据。

例如："Visual" + " C# " + "2010"   // 结果为"Visual C# 2010"

1.5.2 关系运算符

关系运算符用于比较两个表达式之间的关系，比较的对象通常有数值、字符串和对象等。关系运算的结果是一个 bool 值，即 true 或 false。

例如：

    bool   a='a'<'b';   // a 的值为 true

Visual C# 2010 的关系运算符及相应的表达式示例如表 1-3 所示。

表 1-3　C#2010 的关系运算符

符号	意义	运算结果类型	运算对象个数	实例
>	大于	布尔型。如果条件成立，结果为 true，否则结果为 false	2	3>6,x>2,b>a
<	小于			3.14<3,x<y
>=	大于等于			3.26>=b
<=	小于等于			PI<=3.1416
==	等于			3= =2, x= =2
!=	不等于			x!=y, 3!=2

请看下列代码：
```
using System;
using System.Collections.Generic;
using System.Linq;
using System.Text;
```

```
namespace 算术运算
{
    class Program
    {
        static void Main(string[] args)
        {
            int a=50;
            int x=30;
            int y=60;
            int b;
            b=x+y;
            bool j;
            j=a==b-40;
            Console.WriteLine("a=b is {0}", j);

        }
    }
}
```

输出结果：a=b is True

在上例中，"j=a==b-40;"语句涉及运算符的优先级知识点，会在之后的章节中介绍。为了便于本实例的理解，这里说明是算术运算符的优先级高于关系运算符，而关系运算符的优先级又高于赋值运算符。也就是先进行"b-40"的运算，将结果与"a"比较是否相等，并将最终的比较结果赋值给"j"。

1.5.3 逻辑运算符

逻辑运算符用于表示两个布尔值之间的逻辑关系，逻辑运算结果是布尔类型。

Visual C# 2010 的逻辑运算符有：&&（与）、||（或）、!（非）。其中，只有逻辑非（!）为一元运算符，其他均为二元运算符。

逻辑运算符（&&、||、!）的运算规则如下。

逻辑非（!）：运算的结果是原先的运算结果的逆。

逻辑与（&&）：只有两个运算对象都为 true，结果才为 true；只要其中有一个是 false，结果就为 false。

逻辑或（||）：只要两个运算对象中有一个是 true，结果就为 true；只有两个条件均为 false，结果才为 false。

表 1-4 C#的逻辑运算符

符号	意义	运算对象类型	运算结果类型	运算对象个数	实例
!	逻辑非	布尔类型	布尔类型	1	!(i>j)
&&	逻辑与			2	x>y&&x>0
||	逻辑或			2	x>y||x>0

1.5.4 赋值运算符

赋值运算符用于将一个数据赋予一个变量。赋值操作符的左操作数必须是一个变量，赋值结果是将一个新的数值存放在变量所指示的内存空间中。Visual C# 2010 的赋值运算符有基本赋值运算符和复合赋值运算符两种，具体用法见表 1-5。

表 1-5 C#的赋值运算符

类型	符号	说明
简单赋值运算符	=	x=1
复合赋值运算符	+=	x+=1 等价于 x=x+1
	-=	x-=1 等价于 x=x-1
	*=1	x*=1 等价于 x=x*1
	/=	x/=1 等价于 x=x/1
	%=	x%=1 等价于 x=x%1

1.5.5 运算符的优先级

当一个表达式包含多种操作符时，操作符的优先级控制着操作符求值的顺序。例如，表达式 x+y*z 按照 x+(y*z) 顺序求值，因为*操作符比+操作符有更高的优先级。这和数学运算中的先乘除后加减是一致的。

根据运算符所执行运算的特点和它们的优先级，可将它们划分为 13 个等级，如表 1-6 所示（从第 1 级到第 13 级，优先级逐步降低）。

表 1-6 运算符的优先级

级别	运算符
1	++、--（作为前缀）、()、+、-（取负）、!、~
2	*、/、%
3	+、-
4	<<、>>
5	<、>、<=、>=、==、!=
6	&

续表

级别	运算符
7	^
8	|
9	&&
10	||
11	?:
12	=、*=、/=、%=、+=、-=、<<=、>>=、&=、^=、|=
13	++、--（作为后缀）

1.5.6 运算符的结合顺序

运算符的结合顺序分为左结合和右结合两种。在 Visual C# 2010 中，所有的一元运算符（++、--作为后缀时除外）都是右结合的。而对于二元运算符，除了赋值运算符外，其他的都是左结合的。例如 x+y-z，操作符按照出现的顺序由左至右执行，x+y-z 按(x+y)-z 进行求值。赋值操作符按照右结合的原则，即操作按照从右向左的顺序执行。如 x=y=z 按照 x=(y=z) 进行求值。

建议在写表达式的时候，如果无法确定操作符的实际顺序，则尽量采用括号来保证运算的顺序。这样也使得程序一目了然，而且自己在编程时能够思路清晰。

1.6 C#语句结构

1.6.1 分支选择结构

if 语句根据 Boolean 表达式的值选择要执行的语句。下面的示例将 Boolean 标志 flagCheck 设置为 true，然后在 if 语句中检查该标志。输出为 The flag is set to true。

```
bool flagCheck = true;
if (flagCheck == true)
{
    Console.WriteLine("The flag is set to true.");
}
else
{
    Console.WriteLine("The flag is set to false.");
}
```

switch 语句是一个控制语句，它通过将控制传递给其体内的一个 case 语句来处理多个选择和枚举。

```
int caseSwitch = 1;
switch (caseSwitch)
{
    case 1:
        Console.WriteLine("Case 1");
        break;
    case 2:
        Console.WriteLine("Case 2");
        break;
    default:
        Console.WriteLine("Default case");
        break;
}
```

1.6.2 循环结构

C#提供了 4 种不同的循环机制（for、while、do...while 和 foreach）。在满足某个条件之前，可以重复执行代码块。

1. for 循环

C#的 for 循环提供的迭代循环机制是在执行下一次迭代前，测试是否满足某个条件。其语法如下：

```
for (initializer; condition; iterator)
statement(s)
```

其中，
- initializer 是指在执行第一次迭代前要计算的表达式（通常初始化为一个局部变量，作为循环计数器）。
- condition 是在每次迭代循环前要测试的表达式（它必须等于 true，才能执行下一次迭代）。
- iterator 是每次迭代完要计算的表达式（通常是递增循环计数器）。当 condition 等于 false 时，迭代停止。

for 循环是所谓的预测试循环，因为循环条件是在执行循环语句前计算的。如果循环条件为假，循环语句根本就不会执行。

for 循环非常适合用于一个语句或语句块重复执行预定的次数。下面的例子就是使用 for 循环的典型用法，这段代码输出从 0~99 的整数。

```
for (int i = 0; i < 100; i = i+1)
{
```

```
        Console.WriteLine(i);
}
```

2. while 循环

while 循环与 for 循环一样，也是一个预测试的循环。其语法是类似的，但 while 循环只有一个表达式：

```
while(condition)statement(s);
```

与 for 循环不同的是，while 循环最常用于下述情况：在循环开始前，不知道重复执行一个语句或语句块的次数。通常，在某次迭代中，while 循环体中的语句把布尔标记设置为 false，结束循环，如下面的例子所示。

```
int i = 10,sum = 0;
while (i > 0)
{
    i --;
    um += i;
}
```

3. do...while 循环

do...while 循环是 while 循环的后测试版本。do...while 循环适合于至少执行一次循环体的情况：

```
int i = 10, sum = 0;
 do    {    i--;    sum += i;
} while(i > 0);
```

4. foreach 循环

foreach 循环是最后一种 C#循环机制，也是非常受欢迎的一种循环。从下面的代码中可以了解 foreach 循环的语法，其中假定 arrayOfInts 是一个整型数组：

```
int[] numbers = {4, 5, 6, 1, 2, 3, -2, -1, 0 };
foreach (int i in numbers)
{
    System.Console.WriteLine(i);
}
```

其中，foreach 循环一次迭代数组中的一个元素。对于每个元素，它把该元素的值放在 int 型变量 temp 中，然后执行一次循环迭代。

1.6.3 异常处理语句

异常具有以下特点：
- 各种类型的异常最终都是由 System.Exception 派生而来的。
- 在可能引发异常的语句周围使用 try 块。

- 一旦 try 块中发生异常，控制流将跳转到第一个关联的异常处理程序（无论该处理程序存在于调用堆栈中的什么位置）。在 C# 中，catch 关键字用于定义异常处理程序。
- 如果给定异常没有异常处理程序，则程序将停止执行，并显示一条错误消息。
- 除非开发者可以处理某个异常并使应用程序处于已知状态，否则请不要捕捉该异常。如果捕捉 System.Exception，请在 catch 块的末尾使用 throw 关键字再次引发该异常。
- 如果 catch 块定义了一个异常变量，则可以用它获取有关所发生异常类型的更多信息。
- 程序可以使用 throw 关键字显式地引发异常。
- 异常对象包含有关错误的详细信息，比如调用堆栈的状态以及有关错误的文本说明。
- 即使发生异常，也会执行 finally 块中的代码。使用 finally 块释放资源，例如，关闭在 try 块中打开的任何流或文件。
- .NET Framework 中的托管异常是凭借 Win32 结构化异常处理机制实现的。

C# 语言的异常处理功能可帮助开发者处理程序运行时出现的任何意外或异常情况。异常处理使用 try、catch 和 finally 关键字尝试某些操作，以处理失败情况。尽管这些操作有可能失败，但如果开发者确定需要这样做，且希望在事后清理资源，就可以尝试这样做。公共语言运行时（CLR）、.NET Framework 或任何第三方库或者应用程序代码都可以生成异常。异常是使用 throw 关键字创建的。

很多情况下，异常可能不是由代码直接调用的方法引发的，而是由调用堆栈中位置更靠下的另一个方法所引发的。在这种情况下，CLR 将展开堆栈，查找是否有方法包含针对该特定异常类型的 catch 块。如果找到这样的方法，就会执行找到的第一个这样的 catch 块。如果在调用堆栈中的任何位置都没有找到适当的 catch 块，就会终止该进程，并向用户显示一条消息。

此示例中使用一个方法检测是否有被零除的情况。如果有，则捕获该错误；如果没有异常处理，此程序将终止并产生"DivideByZeroException 未处理"错误。

```
class ExceptionTest
{
    static double SafeDivision(double x, double y)
    {
        if (y == 0)
            throw new System.DivideByZeroException();
        return x / y;
    }
    static void Main()
    {
        // Input for test purposes. Change the values to see
        // exception handling behavior.
        double a = 98, b = 0;
        double result = 0;

        try
```

```csharp
            {
                result = SafeDivision(a, b);
                Console.WriteLine("{0} divided by {1} = {2}", a, b, result);
            }
            catch (DivideByZeroException e)
            {
                Console.WriteLine("Attempted divide by zero.");
            }
        }
    }
```

本章小结

本章详细介绍了 C#语言特点和.NET 集成开发环境 Visual Studio 2010。本章的重点是认识 C#程序，掌握 C#中数据类型、变量和常量、运算符的应用、C#语句结构的使用。

习题

创建自己的第一个 C#程序：HelloWorld

```csharp
using System;                    //导入 System 命名空间
using System.Collections.Generic;
using System.Linq;
using System.Text;

namespace Mytest //声明命名空间 Mytest
{
    class HelloWorld //声明 HelloWorld 类
    {
        public static void Main() //程序入口点，Main 的返回类型为 void
        {
            Console.WriteLine("Hello World");
            //控制台类的 WriteLine()方法用于显示输出结果
        }
    }
}
```

说明：

using System：引入命名空间 System 中的类文件，使其存在的方法成为程序的一部分。namespace Mytest：定义一个命名空间 Mytest，表示生成的类 HelloWorld 放在该目录中。class HelloWorld：定义一个类 HelloWorld。public static void Main()：此方法是应用程序的入口，声明为 public satic，表示该方法可以被程序的任何地方访问。Console.WriteLine()：向控制台输出数据。如果从控制台接受单个字符数据，可以采用 Console.ReadLine()方法。

第 2 章 操作字符串

【本章学习目标】

- 开发人员在实际的编程中,对字符串的操作是随处可见的。因此,.NET 框架类库对字符串提供了全面深入的支持。
- Visual C#提供了 String 和 StringBuilder 两种类来对字符串进行处理。关键字 string 实际映射 System.String 类,是一个功能强大、用途广泛的基类。它提供了很多方法,可以对字符串进行处理。StringBuilder 类主要用于长字符串的操作,表示可变字符串,可用于高效地操作字符串,可以有效缩减字符串的大小或者更改字符串中的任意字符。与字符串相关的功能还有正则表达式。本章将学习如何创建正则表达式以及使用正则表达式搜索字符串。

2.1 案例引入

相信大家都有过注册某网站或者论坛会员的经历,而大家在注册时也都会填写电子邮箱等信息。但是假如所输入的电子邮箱地址不合法,则无法通过验证。本案例演示了在 C#中使用正则表达式验证输入的电子邮件地址格式是否合法,验证成功或者不成功的界面显示如下。

当大家学习了本章中字符串的操作以及正则表达式的模式匹配验证功能后,就能够很容易写出上述验证电子邮件格式的代码了。

提示:邮件地址规范是:确保电子邮件地址含有符号"@",且只出现一次;含有符号".",且只出现一次;除@和．外只能输入字母、数字和下画线"_",符号"_"不能出现在电子邮件地址的开头。

图 2-1 电子邮箱验证输出结果

2.2 字符串

System.String 是最常用的字符串操作类，专门用于存储字符串，可以帮助开发者完成绝大部分的字符串操作功能，使用方便。本节将介绍字符串的相关基本操作。

2.2.1 字符串的基本概念

字符串是 Unicode 字符的有序集合，用于表示文本。在 C#的内置类型中，字符串是唯一的应用类型。该类型是不可变的，意味着字符串一旦被创建好就不能再被修改。所有看上去修改了字符串的方法实际上并没有修改它。

1．创建字符串变量

```
string str = "this is a new string"
```

在上述定义中，定义了一个字符串变量 str。该变量是 string 类型的，被初始化成字符序列"this is a new string"。

字符串变量是引用类型的变量，声明一个字符串，即创建了对内存里某个空间的引用。

2．用索引访问字符串

字符串，原本就是排在一起的字符。C#提供了用"下标"（索引）来访问字符串中的字符，例如：

```
string str ="ruanjian";
```

这里，内存中将"r"分配编号 0，"u"分配编号 1，然后依次增加……

因此，如果需要访问 j，数一数，编号是 4，所以可以这样来得到字符"j"的编号。

字符串也有一个 Length 属性，可以得到字符串的长度，也就是通过 Length 返回调用的 String 中的字符数。

下面的例子演示了使用 String.Length 方法获取字符串长度的信息。字符串 Marry 有 5 个字符，其长度可以用 String.Length 来获得。

```csharp
using System;
using System.Collections.Generic;
using System.Linq;
using System.Text;

namespace Length
{
    class Program
    {
        static void Main(string[] args)
        {
            //定义字符串"Marry"
            string a =" Marry ";
            //定义字符串的 Length 属性获得字符串的长度，并将其输出至控制台中
            Console.WriteLine("字符串的长度是{0}",a.Length);
            //分别获得 a 的倒数第一个和第二个字符
            char b =a[a.Length-2];
            char c =a[a.Length-1];
            //输出获得的字符
            Console.WriteLine("倒数第二个字母是{0}",b);
            Console.WriteLine("倒数第一个字母是{0}",c);
            Console.ReadLine();
        }
    }
}
```

注意，本实例中第一次输出是通过 a.Length 得到字符串的长度，即该字符串中字符的个数，而之后要获得 a 的倒数第一个和倒数第二个字符时，必须用 a.Length-1 和 a.Length-2，是因为字符串的索引是从 0 开始的。

如果直接写成 a[a.Length]，将会出现 IndexOutOfRangeException 异常，当前索引值超出了最大索引值。

代码编写完成后，按"F5"键或者单击工具栏中的"启动调试"按钮，显示运行结果如下所示：

字符串的长度是 5
倒数第二个字母是 r
倒数第一个字母是 y

String 类的常用方法如表 2-1 所示。

表 2-1 String 类的常用方法

属性/方法	说　　明
Compare()	比较字符串的内容，考虑文化背景（区域），确定某些字符是否相等
CompareOrdinal()	与 Compare() 方法类似，但不考虑文化背景（区域）
Concat()	把多个字符串实例合并为一个实例
CopyTo()	把特定数量的字符从选定的下标复制到数组的一个全新实例中
Format()	格式化包含各种值的字符串和如何格式化每个值的说明符
IndexOf()	定位字符串中第一次出现某个给定子字符串或字符的位置
IndexOfAny()	定位字符串中第一次出现某个字符或一组字符的位置
Insert()	把一个字符串实例插入到另一个字符串实例的指定索引处
Join()	合并字符串数组，建立一个新字符串
padLeft()	在字符串的开头，通过添加指定的重复字符填充字符串
PadRight()	在字符串的结尾，通过添加指定的重复字符填充字符串
Replace()	用另一个字符或子字符串替换字符串中给定的字符或子字符串
Split()	返回一个下标从零开始的一维数组，它包含指定数目的子字符串
Substring()	在字符串中获取给定位置的子字符串
ToLower()	把字符串转换为小写形式
ToUpper()	把字符串转换为大写形式
Trim()	删除首尾的空白

在后面的小节中，将学习 String 类的常用方法的使用。

2.2.2 字符串的查找

.NET 中提供了查找字符串中字符或字符串的方法。采用依次顺序比较的方法，共有 4 种方法，分别是 IndexOf 方法、LastIndexOf 方法、IndexOfAny 方法、LastIndexOfAny 方法。下面将对这几种方法展开介绍。

1．IndexOf 方法

IndexOf 方法用于搜索某个特定的字符或子串第一次出现的位置。该方法区分大小写，并从字符串的首字符开始以 0 计数。如果字符串中不包含这个字符或子串，则返回 -1。IndexOf 有 6 种重载形式。

定位字符：

```
intIndexOf(char value)
intIndexOf(char value,int startIndex)
intIndexOf(char value,int startIndex, int count)
```

定位子串：

```
intIndexOf(string value)
```

```
intIndexOf(string value,int startIndex)
intIndexOf(string value,int startIndex,int count)
```

上述各参数含义如下。

value：待定位的字符或者子串。

startIndex：在总串中开始搜索的起始位置。

count：在总串中从起始位置开始搜索的字符数。

2．LastIndexOf 方法

同 IndexOf 类似，LastIndexOf 用于搜索在一个字符串中某个特定的字符或子串最后一次出现的位置。其方法定义和返回值都与 IndexOf 相同。

下面的例子演示了在"Marry"中查找字符"r"第一次出现的位置和最后一次出现的位置。

```
using System;
using System.Collections.Generic;
using System.Linq;
using System.Text;

  namespace FindChar
  {
   class Program
   {
     static void Main(string[] args)
      {
        //定义了一个字符串和一个字符
        String a ="Marry";
        char b ='r';
        //搜索字符'r'在字符串" Marry "中第一次出现的位置
        int c =a.IndexOf(b);
        //搜索字符'r'在字符串" Marry "中最后一次出现的位置
        int d =a.LastIndexOf(b);
        Console.WriteLine("第一个 r 出现的位置在{0}",c);
        Console.WriteLine("最后一个 r 出现的位置在{0}",d);
      }
   }
  }
```

在上面的示例中，IndexOf 方法用于返回与字符串 Marry 中字符"r"的第一次和最后一次出现相对应的索引值。再次提醒，索引值是从 0 开始的。

代码编写完成后，按"F5"键或者单击工具栏中的"启动调试"按钮，显示运行结果如下：

第一个 r 出现的位置在 2
最后一个 r 出现的位置在 3

上述实例是从字符串头部开始搜索第一个匹配字符的位置索引。如果想从字符串头部开始搜索第一个匹配字符串的位置，则在源字符串中必须包含整个子串，例如

```
String a ="ABCABCD";
Console.WriteLine(a.IndexOf("BCD")); // 从字符串头部开始搜索第一个匹配字符串 BCD 的位置，输出"4"，而不是"1"
```

3．IndexOfAny 方法

IndexOfAny 方法功能同 IndexOf 类似，区别在于，可以搜索在一个字符串中，出现在一个字符数组中的任意字符第一次出现的位置。同样，该方法区分大小写，并从字符串的首字符开始以 0 计数。如果字符串中不包括这个字符或子串，则返回-1。IndexOfAny 有 3 种重载形式：

```
intIndexOfAny(char[] anyOf)
intIndexOf(char[] anyOf,intstartIndex)
intIndexOf(char[] anyOf,intstartIndex,intcount)
```

在上述重载形式中，参数含义如下。
□anyOf：待定位的字符数组，方法将返回这个数组中任意一个字符第一次出现的位置。
□startIndex：在总串中开始搜索的起始位置。
□count：在总串中从起始位置开始搜索的字符数。

4．LastIndexOfAny 方法

同 IndexOfAny 类似，LastIndexOfAny 用于搜索在一个字符串中，出现在一个字符数组中的任意字符最后一次出现的位置。

下面的例子演示了使用 IndexOfAny 方法和 LastIndexOfAny 方法在"Marry"中查找字符"r"第一次出现的位置和最后一次出现的位置。

```
using System;
using System.Collections.Generic;
using System.Linq;
using System.Text;

    namespace FindChar
    {
     class Program
    {
        static void Main(string[] args)
        {
            //定义了一个字符串和一个字符
```

```
String a ="Marry";
char[] anyOf={'M','a','r'};
//搜索字符'r'在字符串"Marry"中第一次出现的位置
int b =a.IndexOfAny(anyOf);
//搜索字符'r'在字符串"Marry"中最后一次出现的位置
int c=a. LastIndexOfAny(anyOf);
Console.WriteLine("第一个r出现的位置在{0}",b);
Console.WriteLine("最后一个r出现的位置在{0}",c);
        }
    }
}
```

在上面的示例中，LastIndexOfAny 方法用于返回一个字符数组中 char[] anyOf={'M', 'a', 'r'} 任意字符最后一次出现的位置字符，即字符"r"最后一次出现相对应的索引值。

代码编写完成后，按"F5"键或者单击工具栏中的"启动调试"按钮，显示运行结果如下：

第一个r出现的位置在0
最后一个r出现的位置在3

2.2.3 字符串的比较

C#语言中字符串的比较，就是比较字符串的长度大小。 这是基字符串类的静态重载方法。在其最常见的形式中，此方法可用于根据两个字符串的字母排序直接比较它们。

String 类有四种方法：Compare()、CompareTo()、CompareOrdinal()、Equals()。Compare()方法是 CompareTo()方法的静态版本。Compare()方法有很多个重载方法。只要使用"="运算符就会调用 Equals()方法，Equals()方法与"="是等价的。CompareOrdinal()方法对两个字符串比较不考虑本地区域性。

String.Compare 比较结果的含义：

返回值	条件比较含义
小于零	x 小于 y 或 x 为空引用
零	x 等于 y
大于零	x 大于 y 或 y 为空引用

String.Equals 比较结果的含义：

返回值	条件比较含义
True	x 等于 y
False	x 不等于 y

Compare(String s1,String s2)静态方法

功能：区分大小写比较。

Compare(String s1,String s2,Bool ignoreCase) 静态方法

功能：ignoreCase 为 True，不区分大小写比较。
CompareTo(String s)　　实例方法
功能：对给定字符串与实例字符串执行一次区分大小写与文化信息比较。
Equals(String s)
功能：如果实例字符串与给定的对象具有相同的值，就返回 True。
下面的例子演示了比较"Marry"和"Mary"两个字符串。

```
using System;
using System.Collections.Generic;
using System.Linq;
using System.Text;
    namespace FindChar
    {
      class Program
    {
        static void Main(string[] args)
        {
            Var a_name="Marry";         //定义一个隐含类型的变量
            String b_name="Mary";       //定义一个字符串变量
            Response.Write(b_name.CompareTo(a_name).TOString());//输出比较结果
        }
      }
    }
```

在上面的示例中，第 3 行代码通过 CompareTo 方法，将变量 b_name 中的字符串（"Mary"）与变量 a_name 中的字符串（"Marry"）进行比较，结果显示-1，说明变量 b_name 比变量 a_name 的字符串长度小。

代码编写完成后，按"F5"键或者单击工具栏中的"启动调试"按钮，显示运行结果如下所示：

-1

在 C#语法中，所有数据类型都可以通过 ToString 方法将数据以字符串的形式输出。

2.2.4　字符串的插入

字符串的插入操作是通过 Insert()方法来实现的，就是从字符串中的某一位置开始，插入指定的字符串。

`Public string Insert (int startIndex,string str)`

startIndex 即要插入字符串的开始位置，参数 str 即所要插入的字符串，返回值为插入 str 后的一个新的字符串。如果 str 是一个空引用，或者 startIndex 是一个负数，或者 startIndex 的长度大于 String 的位置，将会抛出异常。

下面的例子演示了在字符串"Marry"的0位置处插入字符串"Hello"。

```
using System;
using System.Collections.Generic;
using System.Linq;
using System.Text;

namespace FindChar
{
 class Program
 {
    static void Main(string[] args)
    {
      String a="Marry";            //定义一个字符串变量
      Response.Write(a.Insert(0, "Hello "));//在位置0上插入字符串"Hello "
    }
 }
}
```

在上面的示例中，第13行代码通过Insert方法在字符串"Marry"的0位置处插入字符串"Hello"，字符串Hello后有一空格，因此最后显示结果为Hello Marry。

代码编写完成后，按"F5"键或者单击工具栏中的"启动调试"按钮，显示运行结果如下所示：

Hello Marry

2.2.5 字符串的删除

字符串的删除操作是通过Remove()方法来实现的，参数startIndex为删除开始的位置值，参数length为要删除字符的长度。即要删除掉从某一位置开始一定长度的字符，后返回值为一个新的、被删除了的字符串。

```
Public string Remove (int startIndex,string length)
```

下面的例子演示了在字符串"Marry"中从位置2开始删除2个字符。

```
using System;
using System.Collections.Generic;
using System.Linq;
using System.Text;

namespace FindChar
{
 class Program
```

```
        {
            static void Main(string[] args)
            {
                String a="Marry";              //定义一个字符串变量
                Response.Write(a.Remove(2,2));//从位置2开始删除2个字符
            }
        }
    }
```

在上面的示例中,第13行代码通过Insert方法在字符串"Marry"的位置2处删除2个字符。

代码编写完成后,按"F5"键或者单击工具栏中的"启动调试"按钮,显示运行结果如下所示:

May

2.2.6 子字符串的获得

子字符串的截取操作是通过Substring()方法来获得字符串中指定位置的指定长度的字符。参数startIndex为开始的位置值,参数length为要截取字符的长度。

Public string Substring (int startIndex,string length)

下面的例子演示了在字符串"Marry"中从位置2开始删除2个字符。

```
using System;
using System.Collections.Generic;
using System.Linq;
using System.Text;

    namespace FindChar
    {
     class Program
    {
        static void Main(string[] args)
        {
            String a="Marry";              //定义一个字符串变量
            Response.Write(a.Substring(2,4));//从位置2开始截取4个字符
        }
      }
    }
```

在上面的示例中,第13行代码通过Substring方法在字符串"Marry"的位置2处截取4个字符。

代码编写完成后,按"F5"键或者单击工具栏中的"启动调试"按钮,显示运行结果如下所示:

arry

2.2.7 字符串的替换

字符串的替换操作是通过 Replace()方法来实现的。Replace()方法可以替换掉一个字符串中的某些字符或者子串。

Public string Replace (char a,char b)　　　　替换字符串中的单个字符
Public string Replace (string a,char b)　　　替换字符串中的子串

下面的例子演示了在字符串"Marry"中，分别将字符串"Marry"中的字符 a 替换成字符 e 以及将字符串 a 替换成字符串 oo。

```
using System;
using System.Collections.Generic;
using System.Linq;
using System.Text;

namespace FindChar
{
 class Program
 {
    static void Main(string[] args)
    {
        String a="Marry";           //定义一个字符串变量
        Response.Write(a.Replace('a','e'));//替换单个字符
        Response.Write(a.Replace("a",'oo'));//替换字符串
           }
      }
  }
```

在上面的示例中，第 13 行代码通过 Replace 方法分别将字符串"Marry"中的字符 a 替换成字符 e 以及将字符串 a 替换成字符串 oo。

代码编写完成后，按"F5"键或者单击工具栏中的"启动调试"按钮，显示运行结果如下所示：

Merry

Moorry

2.3 可变字符串

2.3.1 StringBuilder 简单介绍

StringBuilder 类并没有 String 类的功能强大，只提供基本的替换、添加和删除字符串中的文本等功能。但它的工作效率非常高。当定义 StringBuilder 对象时，可以指定内存的内存容量；如果不指定，系统就会根据对象初始化时的字符串长度来确定。当开发者需要做很多修改字

符串内容时，这是最好的解决方案。

它与字符串对象不同。字符串是由字符组成的。由于字符串具有不可变性，所以每一次对字符串的变动都会重新分配内存、创建一个字符串对象、丢弃旧对象。重新分配内存过程可能会导致垃圾回收。这一系列的操作会大大损伤性能。而 StringBuilder 类不会引发在每一个方法调用上创建一个新对象所带来的开销，仅仅在初始化 StringBuilder 对象时会产生开销。StringBuilder 类是 System.Text 命名空间的一个成员。它有两个主要参数：Length 和 Capacity 分别表示字符串的实际长度和字符串占据的内存空间长度。对字符串的修改就是在这个内存中进行的，大大提高了添加和替换的效率。

例如：

```
StringBuilder a=new StringBuilder("Hello,Welcome",150);
```

在上述代码中，初始化对象并为 StringBuilder 设置初始值为"Hello,Welcome"，初始容量为 150。

2.3.2 StringBuilder 的作用

1. StringBuilder 的常用属性

（1）public int Length：该属性用于获取或设置此实例的长度。

```
System.Text.StringBuilder a = new System.Text.StringBuilder();
a.Append("123456789");//添加一个字符串
a.Length = 3;//设置容量为3
Console.WriteLine(a.ToString());//这里输出:123

a.Length = 30;//重新设置容量为30
Console.WriteLine(a.ToString() + ",结尾");//这里在原来字符串后面补齐空格，直到 Length 的为 30
Console.WriteLine(a.Length);//这里输出的长度为30
```

通过上面的代码可以看出，如果 StringBuilder 中的字符长度小于 Length 的值，则会用空格填充 StringBuilder，以满足符合长度的设置。如果 StringBuilder 中的字符长度大于 Length 的值，则 StringBuilder 将会截取从第一位开始的 Length 个字符，而忽略超出的部分。

（2）public int Capacity：该属性用于获取或设置可包含在当前实例所分配的内存中的最大字符数。

```
System.Text.StringBuilder a = new System.Text.StringBuilder();
//初始化一个 StringBuilder
Console.Write("Capacity:" + a.Capacity);//这里的 Capacity 会自动扩大
Console.WriteLine("\t Length:" + a.Length);
a.Append( '1',17 );//添加一个字符串，这里故意添加 17 个字符，是为了看到 Capacity 是如何被扩充的
```

```csharp
Console.Write( "Capacity:" + a.Capacity );//这里的 Capacity 会自动
扩大
    Console.WriteLine( "\t Length:" + a.Length );

    sb.Append( '2',32 );//添加一个字符串
    Console.Write( "Capacity:" + a.Capacity );//这里的 Capacity 会自动
扩大
    Console.WriteLine( "\t Length:" + a.Length );

    a.Append( '3',64 );//添加一个字符串
    Console.Write( "Capacity:" + a.Capacity );//这里的 Capacity 会自动
扩大
    Console.WriteLine( "\t Length:" + a.Length );

    //注意这里：如果开发者取消 Remove 这步操作，将会引发 ArgumentOutOfRange-
Exception 异常，因为当前容量小于 Length。在自己控制 StringBuilder 的时候务必
要注意容量溢出的问题

    a.Remove(0,a.Length);//移出全部内容，再测试
    a.Capacity = 1;//重新定义了容量
    a.Append( 'a',2 );
    Console.Write( "Capacity:" + a.Capacity );//这里的 Capacity 会自动
扩大
    Console.WriteLine( "\t Length:" + a.Length );

    a.Append( 'b',4 );
    Console.Write( "Capacity:" + a.Capacity );//这里的 Capacity 会自动
扩大
    Console.WriteLine( "\t Length:" +a.Length );

    a.Append( 'c',6 );
    Console.Write( "Capacity:" + a.Capacity );//这里的 Capacity 会自动
扩大
    Console.WriteLine( "\t Length:" + a.Length
```

上面的代码输出的结果：

Capacity:16 Length:0   //输出第一次，默认的 Capacity 是 16
Capacity:32 Length:17 //第二次,故意添加了17个字符,于是Capacity= Capacity*2

```
Capacity:64   Length:49    //继续超出，则 Capacity=Capacity*2
Capacity:128  Length:113
Capacity:3    Length:2     //清空内容后，设置 Capacity=1，重新添加了字符
Capacity:7    Length:6                //后面的结果都类似
Capacity:14   Length:12
```

从上面的代码和结果可以看出 StringBuilder 中容量 Capacity 是如何增加的：创建一个 StringBuilder 之后，默认的 Capacity 初始化为 16；接着添加 17 个字符，以方便看到 Capacity 扩充后的值。在修改 Capacity 的时候，注意看第 21 行的注释，一定要确保 Capacity >= Length，否则会引发 ArgumentOutOfRangeException 异常。因此，就可以推断出 Capacity 的公式：

```
if (Capacity < Length && Capacity > 0 ){
    Capacity *= 2;
}
```

综上可以看出，StringBuilder 是以当前的 Capacity*2 来扩充的。所以，在使用 StringBuilder 时要拼接或追加多字符的时候，要注意技巧的使用，可以适当、有预见性地设置 Capacity 的值，避免造成过大内存的浪费，节约无谓的内存空间。

（3）MaxCapacity：该属性用于设置该实例的最大容量。

（4）Chars：该属性用于获取或设置此实例中指定字符位置处的字符。

2．StringBuilder 的常用方法

（1）Append 方法：给当前字符串添加一个字符串。

```
public unsafe StringBuilder Append(string value)
```

向 StringBuilder 追加新元素。由于在内部使用了指针，所以这里用了 unsafe。它有 18 个重载，无论哪个重载方法，最终都是将新值转为字符进行添加。

（2）AppendFormat 方法：添加特定格式的字符串。

```
public unsafe StringBuilder AppendFormat(int index, string value)
```

（3）Insert 方法：在当前字符串中插入一个子字符串。

```
public unsafe StringBuilder AppendFormat int index, string value)
```

向指定位置插入字符串。

（4）Replace 方法：在当前字符串中用另一个字符替换某个字符，或者用另一个子字符替换某个字符串。

```
public StringBuilder Replace(string oldValue, string newValue);
```

使用新字符串替换与 oldValue 匹配的字符串，它有 3 个重载。

（5）Remove 方法：从当前字符串中删除字符。

```
public StringBuilder Remove(int startIndex, int length);
```

从指定索引位移除指定数量的字符，它没有重载。

（6）ToString 方法：将 StringBuilder 转换为 String 对象。

```
public override string ToString();
```

StringBuilder 重写了基类的 ToString()方法，用来获取 StringBuilder 对象的字符串表示。这一步是创建一个新的 String 对象，所以对这个 String 对象（ToString()的结果）的操作不会影

响到 StringBuilder 对象内部的字符。

下面的例子演示了 StringBuilder 类元素的插入、替换和输出。

```csharp
using System;
using System.Collections.Generic;
using System.Linq;
using System.Text;

namespace AddStringBuilder
{
    class Program
    {
        static void Main(string[] args)
        {
            StringBuilder a=new StringBuilder("Hello,Welcome",150);
//定义初始字符串"Hello,Welcome"
            a.Append("C#");
            Console.WriteLine(a );//在a的末尾插入"C#"字符串并输出
            a.AppendFormat("!");
            Console.WriteLine(a );// 在a的末尾插入格式字符串并输出
            a.AppendLine(0, "this is one Line");
            Console.WriteLine(a );// 在a的末尾插入新行及字符串
            a.Insert("0","A");
            Console.WriteLine(a );// 在a的指定位置插入字符串
            a.Replace("A","B");
            Console.WriteLine(a );// 将a用指定字符串替换
            Console.readLine( );
        }
    }
}
```

在上面的示例中，第12行定义了一个 StringBuilder 对象 a，第13～21行通过各种常用方法掩饰了类 StringBuilder 的使用。

代码编写完成后，按"F5"键或者单击工具栏中的"启动调试"按钮，显示运行结果如下所示：

```
Hello,Welcome C#
Hello,Welcome C#!
Hello,Welcome C#! this is one Line
```

```
A Hello,Welcome C#! this is one Line

B Hello,Welcome C#! this is one Line
```

2.4 使用正则表达式

2.4.1 正则表达式概述

正则表达式是指一个用来描述或者匹配一系列符合某个句法规则的字符串的单个字符串。一个正则表达式，就是用某种模式去匹配一类字符串的一个公式。

正则表达式的全面模式匹配表示法可以快速地分析大量的文本以找到特定的字符模式，还可以用于提取、编辑、替换或删除文本子字符串，或将提取的字符串添加到集合以生成报告。

C#中，正则表达式拥有一套语法规则。常见的语法包括字符匹配、重复匹配、字符定位、转义匹配和其他高级语法（字符分组、字符替换和字符决策），如表2-2~表2-5所示。

表2-2 字符匹配语法表

元 字 符	语法解释
[a-z]	匹配任何在连字符范围内的小写字母
[A-Z]	匹配任何在连字符范围内的大写字母
\d	匹配任何十进制阿拉伯数字（0~9），'\d'匹配5，不匹配10，不匹配a
\D	匹配任何非数字，'\D'匹配a，不匹配5
\w	匹配单字符类，与[a-zA-Z0-9_]相同
\W	匹配非单字符类，与[^a-zA-Z0-9_]相同
\s	匹配任何空白字符，'\d\s\d'，匹配a b，不匹配abc
\S	匹配任何非空白的字符，'\S\S\S'匹配a#b，不匹配a b
.	匹配任意字符
【...】	匹配括号中任意字符，【a-c】匹配a、b、c，不匹配d

表2-3 重复匹配语法表

元 字 符	语法解释
{n}	匹配n次前导字符
{n, }	匹配n次和n次以上前导字符
{m,n}	匹配至少m次、至多n次的前导字符
?	匹配0次或者1次的前导字符
*	匹配0次或者多次的前导字符
+	匹配1次或者多次的前导字符

表 2-4 字符定位语法表

元字符	语法解释
^	输入文本的开头
$	匹配 n 次和 n 次以上前导字符
z	匹配前面模式结束位置
Z	匹配前面模式结束位置（换行前）
b	匹配字边界的位置
B	匹配不是字边界的位置

表 2-5 转义匹配语法表

元字符	语法解释
\n	匹配换行
\r	匹配回车
\t	匹配水平制表符
\v	匹配垂直制表符
\f	匹配换页

2.4.2 使用正则表达式替换文本

Regex 类实现字符替换

Regex 类表示不可变（只读）的正则表达式。它还包含各种静态方法，允许在不显式创建其他类的实例的情况下使用其他正则表达式类。

Regex 类的常用方法如表 2-6 所示。

表 2-6 Regex 类的常用方法

方法	说明
CompileToAssembly	已重载。编译正则表达式，并将其保存到单个程序集的磁盘
Equals	已重载。确定两个 Object 实例是否相等。从 Object 继承
Escape	通过替换为转义码来转义最小的元字符集（/、*、+、?、|、{、[、(、)、^、$、.、# 和空白）
GetGroupNames	返回正则表达式的捕获组名数组
GetGroupNumbers	返回与数组中的组名相对应的捕获组号的数组
GetHashCode	用作特定类型的哈希函数，适合在哈希算法和数据结构（如哈希表）中使用。从 Object 继承
GetType	获取当前实例的 Type。从 Object 继承
GroupNameFromNumber	获取与指定组号相对应的组名

下面的例子演示了使用 Regex 类的 Replace() 方法实现字符替换。

```
using System;
```

```
using System.Collections.Generic;
using System.Linq;
using System.Text;
using System.Text.RegularExpressions;

namespace TestMatch
{
    class Program
    {
        static void Main(string[] args)
        {
            String input="Hello,Welcome";
            String regExString= @"\b(l)\b";
            String replace= "L";    //实现替换
            Regex r = new Regex("regExString ");
            String newstring =r.Replace(input,replace);   //输出新的字符串

            Console.WriteLine("regExString")
            Console.ReadLine();

        }
    }
}
```

上面的示例中使用了正则表达式把搜索限制为单词边界，即在字符串"Hello,Welcome"中，用 L 代替 l。

代码编写完成后，按"F5"键或者单击工具栏中的"启动调试"按钮，显示运行结果如下所示：

"HeLLo,WeLcome"

2.4.3 使用正则表达式搜索

当前所有的文本编辑器都有一些搜索功能。通常可以打开一个对话框，在其中的一个文本框中搜索要定位的字符串。比如 Windows 操作系统中的记事本、Office 系列中的文档编辑器都有这种功能，如图 2-2 所示。

这种搜索是最简单的方式。这类问题用 String 类的 String.Replace()方法、Contains 或者 IndexOf()来搜索字符串，对于简单任务来说很好用。但有时候需要复杂的模式匹配能力，而 String 类型的方法并没有提供。从一个 String 类中选择重复的字是比较复杂的，此时使用语言就很适合。一般表达式语言是一种可以编写搜索表达式的语言。在该语言中，可以把文档中

要搜索的文本、转义序列和特定含义的其他字符组合在一起。

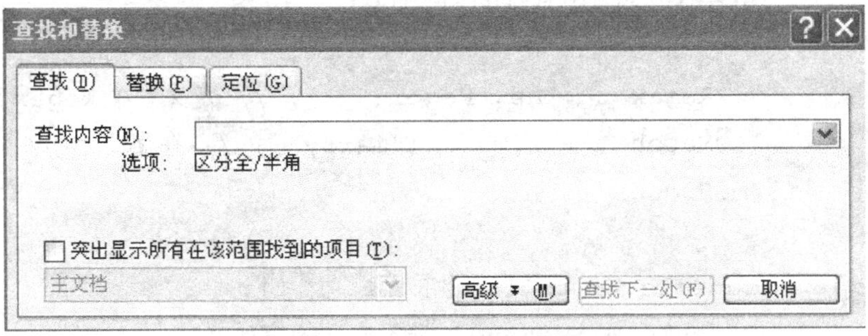

图 2-2 "查找和替换"对话框

例如，在上述查找内容文本框中输入"a*"，由于通配符"*"代表任意多个字符，则"a*"将查找以 a 开头的字。在上述查找内容文本框中输入"a?"，由于通配符"?"代表任意一个字符，则"a?"将查找以 a 开头的两个字符的字。和通配符类似，正则表达式也是用来进行文本匹配的工具。只不过比起通配符，它能更精确地描述用户的需求。

C#对正则表达式的支持，就是提供了这样一组元素：这些元素都具有类似于"*"和"?"的特定功能，通过对这些元素的使用，可以创造出匹配任何复杂模式的正则表达式。

为了使正则表达式执行一个简单的模式匹配，需要一个模式字符串（正则表达式）、一个搜索字符串以及 Regex 类。在 .Net 中使用正则表达式需要引入命名空间 System.Text.RegularExpressions。

Match 类实现搜索

Match 类的常用方法如表 2-7 所示。

表 2-7 Match 类的常用方法

方　　法	说　　明
Synchronized()	返回对 Match 的引用
NextMatch()	返回搜索字符串中的第二个和正则表达式匹配的对象
Result()	返回指定的替换模式的扩展版本

下面的例子演示了使用 Regex 类的 Match()方法返回 Match 类型的对象，以便找到输入字符串中第一个匹配项，同时用 Match 类的 Match.Success 属性来指示是否已经找到匹配。

```
using System;
using System.Collections.Generic;
using System.Linq;
using System.Text;
using System.Text.RegularExpressions;

namespace TestMatch
{
    class Program
```

```
        {
            static void Main(string[] args)
            {
                Regex r = new Regex("y");  // 定义一个 Regex 对象实例
                Match m = r.Match("marry");  // 在字符串中匹配
                if (m.Success)
                {
                    Console.WriteLine("搜索成功！");
                    Console.WriteLine("搜索成功的位置：+ m.Index");//输入匹配字符的位置
                }
                else
                {
                    Console.WriteLine("没有找到该字符串")
                }
                Console.ReadLine;
            }
        }
```

在上面的示例中，第 13 行创建了 Regex 对象，第 14 行通过 Match 搜索字符串，第 15 行判断是否搜索成功。

代码编写完成后，按 "F5" 键或者单击工具栏中的 "启动调试" 按钮，显示运行结果如下所示：

搜索成功！
搜索成功的位置：1

2.5 回到案例

解决本章案例的步骤如下。
（1）启动 Visual Studio 2010。
（2）新建 "项目"，项目类型选择 "visual c#"，模板选择 "控制台应用程序"。
（3）在名称框中键入项目名称 "EmailCheck"。
（4）在空的代码文件中输入如下代码。

```
using System;
using System.Collections.Generic;
using System.Linq;
using System.Text;
using System.Text.RegularExpressions;
```

```
namespace EmailCheck
{
  class Program
   {
    static void Main(string[] args)
     {
       String str,strreg;
       strreg = @"\w+([-+.']\w+)*@\w+([-.]\w+)*\.\w+([-.]\w+)*";

       Regex r = new Regex(strreg);   // 定义一个 Regex 对象实例
       do                              //循环输入,直到输入正确的邮箱地址
       {
         Console.WriteLine("请输入电子邮箱地址: ");
         Str= Console.ReadLine();
         if (r.ISMatch(str)==true)
       {
        Console.WriteLine("您所输入的电子邮箱地址合法");
           beak;                       //一旦得到合法的地址,则结束循环
       }
         else
         Console.WriteLine("您所输入的邮箱地址有误,请重新输入");
         }
       while(true);                    //无条件循环
       System.Console.ReadLine( );
       }
      }
    }
```

在本案例中,第 14 行是对正则表达式进行初始化,即合法的电子邮箱格式都需要按这个模式来进行匹配;第 15 行是定义一个 Regex 对象实例;第 19 行接受用户邮箱地址的输入;紧接着,第 20 行利用 Regex 类的 ISMatch()方法判断用户输入的邮箱地址是否合法。

本章小结

本章介绍了 C#中操作字符串和正则表达式的方法。首先介绍了 C#字符串的基本概念,然后结合具体实例讲解了字符串的查找、比较、插入、删除以及替换等操作。String 类型提供了基本的字符串处理能力。但是对于复杂的字符串操作,还是使用 StringBuilder 类更好,因为它允许在同一个对象上修改字符串,没有在每次操作时创建对象的开销。而正则表达式拥有

比 String 和 StringBuilder 更简单、功能更强大的模式匹配能力。本章介绍了正则表达式的基本语法规则。使用正则表达式可以处理复杂的文本匹配的替换工作，为文本处理方面的编程减轻了负担。

习题

1. 在程序语言基础课堂上有一个经典的练习题目：用户任意输入一个字符串，求该字符串中包含的单词个数，其中单词以空格分隔。比如，求字符串"I Love China"中包含的单词个数。
2. 创建一个控制台应用程序，在 C#中使用正则表达式匹配字符串验证 URL。

第 3 章 面向对象的程序设计

【本章学习目标】

本章主要讲解面向对象的相关概念以及面向对象程序设计中类的定义，包括字段、属性、方法、构造函数、索引器、静态成员的定义与使用，对象创建等基本知识内容。通过本章学习，读者应该掌握以下内容：
- 理解面向对象的相关概念；
- 具备自定义类的基本技能。

3.1 案例引入

现实生活中，人们经常乘坐交通工具。如果要在程序中对交通工具进行描述，比如客车（见图 3-1），那么怎么来表现、描述它？如何来描述它的乘客数量、车轮数量、车牌号和车重、行车规定的最大时速等相关信息？

图 3-1 客车

3.2 面向对象概述

面向对象（Object Oriented）技术是软件工程领域中的重要技术。这种软件开发思想比较自然地模拟了人类认识客观世界的方式，成为当前计算机软件工程学中的主流方法。它是以对象为基础、以事件或者消息来驱动对象执行处理的程序设计技术。值得强调的是，面向对象技术不仅仅是一种程序设计方法，更重要的是一种对真实世界的抽象思维方式。

那么什么是"面向对象思想"？其精要就是"一切皆为对象"。在面向对象技术中，认为客观世界是由对象组成的，任何客观的事物或实体都是对象，复杂的对象可以由简单的对象组成；具有相同数据和相同操作的对象可以归并为一个类，对象是类的一个实例。

使用面向对象的思想进行编程，会使程序更加贴近现实生活，是对实际的抽象描述，使程序的关系更加清晰。

3.3 类与对象

类与对象是面向对象技术中的基本概念。一般而言，类是对一组有相同特性（属性）和相同行为（方法）的对象的抽象描述。如果从词义学的角度来看，属性更偏向于名词的范畴，而行为则近乎于动词。有些类也会有一些特殊的情况，或者只具有属性，或者只具有行为。比如，身份证这个类，只具有姓名、出生年月、籍贯、身份证号等属性，而没有行为。如"飞"这个类，可以认为只有行为。

以现实世界为例，对"人"这个类描述，抽象出所有的人都具有的静态特征，即特性是有姓名、肤色、年龄、性别等。所有的人都具有的行为特征有行走、说话、吃饭、学习等。

对象则是类的一个具体的实例。例如，对张三这个具体的人，他是人这个类中的一个具体的实例，他的姓名是张三、肤色是黄色、年龄是 22 岁、性别是男。

3.3.1 类的定义

在程序中，类是具有相同属性的对象的集合与抽象。它是一个创建现实对象的模板。对象是类的具体实例。类实际上也可以看做自己定义的数据类型。在类声明中需要使用关键字 class，其简单的定义格式为

```
class 类名
{
    //类体
}
```

其中，类体是以一对大括号开始和结束的；在一对大括号后面可以跟一个分号，也可以省略分号；类体中的成员种类较多，常见的有字段、属性、方法等；类的所有成员的声明均需在类体中。

例 3-1 定义学生类。

```
namespace ch3_1
{
    class Student    //类名为 Student
    {
        //成员字段
        //成员属性
```

```
        //成员方法
    }
    class Program
    {
        static void Main(string[] args)
        {
        }
    }
}
```

前面学习了类的声明,然而类是抽象的。要使用类定义的功能,就必须实例化类,即创建类的实例对象。类与对象的关系可以比喻为车型设计和具体的车:类就像车型设计一样说明了车所应该具备的所有属性和功能,但是车型设计并不是车,你不能发动和驾驶车型;对象就好比根据车型设计制造出的车,它们都具备车型设计所描述的属性和功能,车是能发动和驾驶的。

3.3.2 对象的定义

C#使用 new 运算符来创建类的对象,格式如下:

类名 对象名 = new 类名([参数表]);

也可以使用如下两步完成创建类的对象:

类名 对象名;
对象名 = new 类名([参数表]);

其中,[参数表]是可选的,根据类模型提供的构造函数来确定。

声明类相当于定义一个模型。在类定义完毕之后使用 new 运算符创建类的对象(实例),计算机将为对象(实例)分配内存,并且返回对该对象(实例)的引用。

接下来为刚定义的学生类创建实际的对象。

采用下面的语句创建 Student 对象,并且将那些对象的引用保存到变量 s1 中。

```
Student   s1 = new Student ( );      //声明对象的同时实例化
```

也可以使用如下语句:

```
Student   s1;                         //先声明对象
s1 = new Student ( );                 //实例化对象
```

3.4 字段与属性

前面定义了一个名为 Student 的类,此时类体中未定义任何内容。下面将通过学习类的字段、属性、方法逐步完善。

3.4.1 字段的定义

字段是类成员中最基础也较重要的一个成员,是与对象或类相关联的变量。其作用主要是用于保存与类有关的一些数据。它的声明格式与普通变量的声明格式基本相同,声明位置没有特殊要求,习惯上将字段说明放在类体中的最前面。

定义字段的基本格式为

[访问修饰符]　　数据类型　　字段名

例 3-2 为 Student 类添加学生基本信息的字段。

```
namespace ch3_2
{
    public class Student
    {
        /// <summary>
        /// 姓名
        /// </summary>
        public string name;
        /// <summary>
        /// 学号
        /// </summary>
        public string id;
        /// <summary>
        /// 电话号码
        /// </summary>
        public string phone;
        /// <summary>
        /// 出生日期
        /// </summary>
        public DateTime birthday;
    }

    class Program
    {
        static void Main(string[] args)
        {
        }
    }
}
```

字段分析:学生类模型 Student 中定义了 4 个成员,分别用于保存学生的姓名、学号、电话号码和出生日期。

在面向对象程序设计中,类里面的成员在定义时一般都要加上访问控制修饰符,以标志该成员在哪些范围能够被访问到。声明类中的成员时,使用不同的访问修饰符,表示对类的访问权限不同。C#中常见的访问修饰符及其意义如下:

public 访问不受限制，可以被任何其他类访问。
private 访问只限于含该成员的类，只有该类的其他成员能访问。
protected 访问只限于含该成员的类及该类的派生类。
若声明成员时没有使用任何修饰符，则该成员被人为是私有的(private)。

3.4.2 字段的使用

对象创建后，可以通过对象名和对应的字段名实现对相应对象的字段进行访问，以设置字段的值或读取字段的值。

访问对象的字段时，通过"."运算符实现。

语法格式为

对象名.字段名

例 3-3 创建两个 Student 对象，访问各字段值。

```
namespace ch3_3
{
    public class Student
    {
        /// <summary>
        /// 姓名
        /// </summary>
        public string name;
        /// <summary>
        /// 学号
        /// </summary>
        public string id;
        /// <summary>
        /// 电话号码
        /// </summary>
        public string phone;
        /// <summary>
        /// 出生日期
        /// </summary>
        public DateTime birthday;
    }

    class Program
    {
        static void Main(string[] args)
        {
```

```
        Student stu1 = new Student();
        Student stu2 = new Student();
        stu1.name ="张三";//访问第一个学生对象的姓名字段,并赋值为"张三"
        stu1.id = "120040600"; //访问第一个学生对象的学号字段,并赋值为"120040600"
        stu1.name ="李四";//访问第二个学生对象的姓名字段,并赋值为"李四"
        stu1.id = "120040059"; //访问第二个学生对象的学号字段,并赋值为"120040059"
        }
    }
}
```

3.4.3 属性的定义

类字段一般定义为私有或受保护的,不允许外界访问。若需要外界访问此字段,可以利用属性的知识提供给外界访问私有或保护字段的途径。

C#在类中声明属性的语法格式:

```
访问修饰符 类型 属性名
{
    get{ return 字段名;}
    set{字段名= value;}
}
```

实际上,属性是一个或两个代码块,表示一个 get 访问器或一个 set 访问器。当读取属性时,执行 get 访问器的代码块;当赋予属性一个新值时,执行 set 访问器的代码块。不具有 set 访问器的属性被视为只读属性。不具有 get 访问器的属性被视为只写属性。同时具有这两个访问器的属性是读写属性。

例 3-4 修改原有 Student 类定义,为所有字段添加对应属性。

```
namespace ch3_4
{
    public class Student
    {
        /// <summary>
        /// 姓名字段
        /// </summary>
        private string name;
        /// <summary>
        /// 姓名属性
        /// </summary>
        public string Name
```

```csharp
{
    get { return name; }
    set { name = value; }
}
/// <summary>
/// 学号字段
/// </summary>
private string id;
/// <summary>
/// 学号属性
/// </summary>
public string Id
{
    get { return id; }
    set { id = value; }
}
/// <summary>
/// 电话号码字段
/// </summary>
private string phone;
/// <summary>
/// 电话号码属性
/// </summary>
public string Phone
{
    get { return phone; }
    set { phone = value; }
}
/// <summary>
/// 出生日期字段
/// </summary>
private DateTime birthday;
/// <summary>
/// 出生日期属性
/// </summary>
public DateTime Birthday
{
    get { return birthday; }
```

```
            set { birthday = value; }
        }
    }

    class Program
    {
        static void Main(string[] args)
        {
        }
    }
}
```

属性名一般与对应字段的名称相同，只是字段由于不再是 public 访问控制符，其标识符的首字母一般为小写英文字母。属性的数据类型与对应的字段数据类型相同。

在 Visual Studio 2010 中，利用已声明的字段和 IDE 功能，可以通过快捷的方式把字段封装成属性。操作方法是：右击已经声明的字段，通过快捷菜单中的"重构"选项，弹出下一级菜单，选择"封装字段"选项，即可对字段封装成属性，如图 3-2 所示。

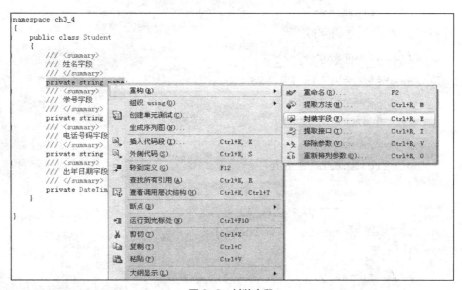

图 3-2　封装字段

属性的类型如下。
（1）读/写属性
[访问修饰符] 数据类型　属性名

```
{
    get{ };
    set{ };
}
```

在这种属性中可以赋值和检索值。

（2）只读属性

[访问修饰符] 数据类型 属性名
```
{
    get{ };
}
```
在这种属性中只能检索值。

（3）只写属性

[访问修饰符] 数据类型 属性名
```
{
    set{ };
}
```
在这种属性中只能赋值。

3.4.4 属性的使用

对于封装之后的字段，由于是 private 私有属性，不再能直接进行访问。但是对于程序来说，仍然需要读取和保存相关信息，此时，对属性的访问可以代替对原有字段的访问。

对对象中属性的访问方法与对对象中字段的访问方法类似，通过"."运算符实现，语法格式如下：

对象名.属性名

当对象的属性在赋值符号的左侧时，是对属性进行赋值，即执行属性访问器中的 set 访问器，由此把赋值符号右侧的值保存到属性对应的字段中。执行 set 访问器的代码时，value 变量自身则已保存了赋值符号右侧的值。

当对象的属性在赋值符号的右侧时，是对属性进行读取，即执行属性访问器中的 get 访问器，由此得到属性对应的字段的当前值。

例 3-5 创建两个 Student 对象，访问对象中的属性。

```
namespace ch3_5
{
    public class Student
    {
        /// <summary>
        /// 姓名字段
        /// </summary>
        private string name;
        /// <summary>
        /// 姓名属性
        /// </summary>
        public string Name
```

```csharp
{
    get { return name; }
    set { name = value; }
}
/// <summary>
/// 学号字段
/// </summary>
private string id;
/// <summary>
/// 学号属性
/// </summary>
public string Id
{
    get { return id; }
    set { id = value; }
}
/// <summary>
/// 电话号码字段
/// </summary>
private string phone;
/// <summary>
/// 电话号码属性
/// </summary>
public string Phone
{
    get { return phone; }
    set { phone = value; }
}
/// <summary>
/// 出生日期字段
/// </summary>
private DateTime birthday;
/// <summary>
/// 出生日期属性
/// </summary>
public DateTime Birthday
{
    get { return birthday; }
```

```
            set { birthday = value; }
        }
    }
    public class Program
    {
        static void Main()
        {
            Student stu1=new Student();
            Student stu2=new Student();
            stu1.Name="张三";//将属性Name赋值为"张三"
            stu1.Id="120040600";  //将属性Id赋值为"120040600"
            stu2.Name="李四";  //将属性Name赋值为"李四"
            stu2.Id="120040059";  //将属性Id赋值为"120040059"
            Console.WriteLine("第一个学生的姓名是：{0}, 学号是{1}",stu1.Name,stu1.Id);
            Console.WriteLine("第二个学生的姓名是:{0},学号是{1}", stu2.Name, stu2.Id);
            Console.ReadLine();
        }
    }
}
```

3.5 方法

3.5.1 方法的定义

在类的定义中，有一个重要的成员，那就是方法。它通过对一系列语句的组织来完成某种功能。方法是很有用的，通过方法的定义和调用，方法所实现的功能可以在只编写一次代码的情况下，多次被调用，开发量更小，更好维护。

方法的结构格式如下：

属性 修饰符 返回值类型 方法名（参数列表） { 语句 }

后面将讨论属性和修饰符。

方法的返回值类型可以是任何一种C#的数据类型。该返回值可以赋给变量，以便在程序的后面部分使用。

方法名是唯一的，可以被程序调用。为使得代码变得更容易理解和记忆，方法的取名可以同所要进行的操作联系起来。可以传递数据给方法，也可以从方法中返回数据。它们由大括号包围起来。大括号中的语句实现了方法的功能。

如果方法有两个或者更多的参数，那么在定义参数时，必须使用逗号来分隔不同的参数。

例3-6 在下面的程序中，MyArea类定义了2个方法，分别求三角形和圆形的面积。

```
namespace ch3_6
{
    class MyArea
    {
        public double TangleArea(double l, double h)
        {
            double s;
            s = l * h / 2;
            return s;
        }
        public double CircleArea(double r)
        {
            double s;
            s = 3.14 * r * r;
            return s;
        }
    }
    class Program
    {
        static void Main(string[] args)
        {
        }
    }
}
```

3.5.2 方法的调用

使用方法名来调用一个方法，要求它执行相关的任务。如果方法要获取信息（由它的参数指定），就必须提供它需要的信息。如果方法要返回信息（由它的返回类型指定），就应该以某种方式来捕捉这个信息。

为了调用一个C#方法，需要采用如下语法形式：

对象.方法名(参数列表)

方法名必须与调用的那个方法的名称完全一致。记住，C#语言是区分大小写的。

参数列表用于提供由方法接收的可选信息。

调用方法时，必须为方法定义中的每个参数（形参）提供一个参数值（实参），而且每个参数值都必须兼容于它对应的形参的类型。实参与形参的结合不是按参数名称传递的，而是按参数列表从左到右一一结合的。

重要提示：每个方法调用中都必须包含一对圆括号，即使调用一个无参数的方法。

例3-7 对上例中的 TangleArea、CircleArea 方法的调用。

```
namespace ch3_7
{
    class MyArea
    {
        public double TangleArea(double l, double h)
        {
            double s;
            s = l * h / 2;
            return s;
        }
        public double CircleArea(double r)
        {
            double s;
            s = 3.14 * r * r;
            return s;
        }
    }
    class Program
    {
        static void Main()
        {
            MyArea m = new MyArea();
            double a = 12.5;
            double b = 10.0;
            double c = 5.0;
            Console.WriteLine("the area of tangle is {0},the area of circle is {1}", m.TangleArea(a, b), m.CircleArea(c));
            Console.ReadKey();
        }
    }
}
```

例 3-8 有返回值的方法定义及调用。

```
namespace ch3_8
{
    class Program
    {
            //方法的定义
        public static int Add(int ToNumber)
```

```csharp
        {
            int sum = 0;
            for (int i = 1; i <= ToNumber; i++)
            {
                sum += i;
            }
            return sum;
        }

        static void Main(string[] args)
        {
            int i = 2;
            int result = Add(i);//方法的调用
            Console.WriteLine(result);
            Console.WriteLine(i);
            Console.ReadKey();
        }
    }
}
```

输出结果为

3

2

例 3-9 无返回值的方法定义及调用。

```csharp
namespace ch3_9
{
    class Program
    {
        //方法的定义
        public static void AddVoid(int ToNumber)
        {
            int sum = 0;
            for (int i = 1; i <= ToNumber; i++)
            {
                sum += i;
            }
            Console.WriteLine(sum);
        }
```

```
static void Main(string[] args)
{
    AddVoid(2);//方法的调用
    Console.ReadKey();
}
}
```

输出结果为

3

3.6 值类型与引用类型

方法的调用过程是实参赋值给形参的过程。C#中的数据类型在进行赋值和传递时,可以分为两种:值类型和引用类型。

3.6.1 值类型与引用类型的区别

从概念上而言,对于值类型,数据存储在内存的堆栈中,从堆栈中可以快速地访问这些数据,因此,值类型表示实际的数据。引用类型表示指向存储在内存堆中的数据的指针或引用(包括类、接口、数组和字符串)。

从区别上看,这两种类型的基本区别在于它们在内存中的存储方式。

从赋值的角度看,值类型赋值是重新创建一个副本;而引用类型的赋值是共享同一块内存(副本),是指向同一块内存(引用类型的名字相当于指向操作),只是复制引用,而不复制被引用识别的对象。

值类型与引用类型的比较如表 3-1 所示。

表 3-1 值类型与引用类型的比较

特　　点	值　类　型	引用类型
变量存放的内容	实际值	引用
内存单元	内联(堆栈)	堆
默认值	0	空
传递给方法的参数	复制值	复制引用

值类型包括 C#中的基本类型(用关键字 int、char、float 等来声明)、结构(用 struct 关键字声明的类型)、枚举(用 enum 关键字声明的类型)。

引用类型包括类(用 class 关键字声明的类型)和委托(用 delegate 关键字声明的特殊类)、接口、数组、字符串。

例 3-10 在本例中,变量 val 是 int 类型,属于值类型,在参数的赋值中给的是直接的数值。

```csharp
namespace ch3_10
{
    class Program
    {
        static void Main(string[] args)
        {
            int val = 100;
            Console.WriteLine("该变量的初始值为{0}", val);
            MyMethod(val);
            Console.WriteLine("该变量的初始值为{0}", val);
            Console.ReadKey();
        }
        static void MyMethod(int getVal)
        {
            int temp = 10;
            getVal = temp * 20;
        }
    }
}
```

程序运行的的结果

该变量的初始值为 100

该变量的初始值为 100

例 3-11 在本例中,由于参数是 DataTypeTest 类型,它是类,所以参数是引用类型的。在引用类型的赋值中,传递的是引用的地址,地址的改变会导致原来实参值的改变。

```csharp
namespace ch3_11
{
    class DataTypeTest
    {
        public int val;
    }
    class Program
    {
        static void Main(string[] args)
        {
            DataTypeTest objTest = new DataTypeTest();
            objTest.val = 100;
            Console.WriteLine("变量的初始值为{0}", objTest.val);
            MyMethod(objTest);
```

```
            Console.WriteLine("变量的初始值为{0}", objTest.val);
            Console.ReadKey();
        }
        static void MyMethod(DataTypeTest dTest)//这里传递的是对象地址
        {
            int temp = 10;
            dTest.val = temp * 20;
        }
    }
}
```

程序运行的结果：

变量的初始值为 100

变量的初始值为 200

3.6.2 装箱与拆箱

装箱和拆箱是抽象的概念。装箱（box）就是将值类型转换为引用类型的过程。拆箱（unbox）是指将引用类型转换为值类型的操作。利用装箱和拆箱功能，可通过允许值类型的任何值与 Object 类型的值相互转换，将值类型与引用类型链接起来。

例 3-12 装箱举例。

```
namespace ch3_12
{
    class Program
    {
        static void Main(string[] args)
        {
            int val = 100;
            object obj = val;
            Console.WriteLine ("对象的值 = {0}", obj);
            Console.ReadKey();
        }
    }
}
```

这是一个装箱的过程，是将值类型转换为引用类型的过程。

例 3-13 拆箱举例。

```
namespace ch3_13
{
    class Program
    {
```

```
        static void Main(string[] args)
        {
            int val = 100;
            object obj = val;
            int num = (int)obj;
            Console.WriteLine("num: {0}", num);
            Console.ReadKey();
        }
    }
}
```

这是一个拆箱的过程，是将值类型转换为引用类型，再由引用类型转换为值类型的过程。

注：被装过箱的对象才能被拆箱。

使用装箱、拆箱的场合：一种最普通的场景是调用一个含类型为 Object 的参数的方法，该 Object 可支持任意类型，以便通用。当需要将一个值类型（如 Int32）传入时，需要装箱。另一种用法是一个非泛型的容器，同样是为了保证通用，而将元素类型定义为 Object。于是，要将值类型数据加入容器时，需要装箱。

装箱时，生成的是全新的引用对象，这会有时间损耗，也就是造成效率降低。应该尽量避免装箱。

3.7 参数的传递

在方法的声明与调用中，经常涉及方法参数，在方法声明中使用的参数叫形式参数（形参），在调用方法中使用的参数叫实际参数（实参）。在调用方法时，参数传递就是将实参传递给形参的过程。C#中方法参数的几种类型如下。

- 值参数：参数类型是值类型，不含任何修饰符。方法中的形参是实参的一份拷贝，形参的转变不会影响到内存中实参的值，实参是安全的。
- 引用类型参数：参数类型是引用类型，不含任何修饰符。方法中的形参是实参的一份地址，形参的转变会影响到内存中实参的值。
- ref 引用参数：以 ref 修饰符声明。传递的参数实际上是实参的指针，所以在方法中的把持都是直接对实参进行的，而不是复制一个值；可以利用这个方法在方法调用时双向传递参数。为了以 ref 方法应用参数，必须在方法声明和方法调用中都明白地指定 ref 要害字，并且实参变量在传递给方法前必须进行初始化。
- 输出参数：以 out 修饰符声明。和 ref 类似，它也是直接对实参进行把持。在方法声明和方法调用时都必须明白地指定 out 要害字。out 参数声明方法不请求变量传递给方法前进行初始化，因为它的含义只是用作输出目标。但是，在方法返回前，必须对 out 参数进行赋值。

例 3-14 编一程序，将主函数中的两个变量的值传递给 swap 函数中的两个形参，交换两个形参的值。

```
namespace ch3_14
{
    class Program
    {
        static void swap(int x, int y)  //x,y 即为形参
        {
            int z;
            z = x; x = y; y = z;
            Console.Write("\n x=" + x + ",y=" + y);
        }
        static void Main(string[] args)
        {
            int a = 10, b = 20;
            swap(a, b);    //a,b 即为实参
            Console.Write("\n a=" + a + ",b=" + b);
            Console.ReadKey();
        }

    }
}
```

x，y 即为形参，a，b 即为实参。在执行到调用方法 swap(a，b)语句时，分别将实参 a，b 的值传递给形参 x，y。

方法在调用时，实参将把值赋值给形参，这个过程称为实参与形参的结合。在赋值过程中，根据参数的类型是值类型还是引用类型，分为按值传递和按引用传递。

3.7.1 按值传递

值类型是方法默认的参数类型，采用的是值拷贝的方式。向方法传递值类型变量，意味着向方法传递变量的一个副本。也就是说，如果使用的是值类型，则可以在方法中更改该值。但当控制传递回调用过程时，不会保留更改的值。

例 3-12 中，形参 x，y 为 int 类型，是值类型，参数的传递是按值传递；实参 a，b 的值 10，20 分别传递给形参 x，y 后，在方法体内，x，y 值的改变不会影响实参 a，b 原来的值。

例 3-15 按值传递。

```
namespace ch3_15
{
    class Program
    {
        static int CalcSquare(int nSideLength)
        {
```

```
            return nSideLength * nSideLength;
        }

        static void Main(string[] args)
        {
            Console.WriteLine("the area of the square is:{0}\n",
            CalcSquare(25).ToString());
            Console.ReadKey();
        }
    }
}
```

例 3-16 按值传递。

```
namespace ch3_16
{
    class Program
    {
        static void Main(string[] args)
        {
            int a = 3; int b = 5;
            change(a, b);
            Console.WriteLine("a={0}, b={1}", a, b);
            Console.ReadKey();
        }
        static void change(int a1, int b1)
        {
            int t; t = a1; a1 = b1; b1 = t;
        }
    }
}
```

3.7.2 引用传递

引用参数并不创建新的存储位置。相反，引用参数表示的存储位置恰是在方法调用中作为参数给出的那个变量所表示的存储位置。当利用引用参数向方法传递形参时，编译程序将把实际值在内存中的地址传递给方法。

引用传递有以下两种情况。

（1）引用类型的对象的成员值发生改变，形参在方法体内部。如果修改变量引用的对象的成员值，则方法内的引用变量的修改会影响方法外的原始变量的所有数据。

例3-17 按值传递引用类型的调用方法，方法体内，改变引用对象的成员值。

```
namespace ch3_17
{
    class Program
    {
        static void Change(int[] pArray)
        {
            pArray[0] = 888;
            Console.WriteLine("方法内0号元素值为{0}", pArray[0]);
        }
        static void Main(string[] args)
        {
            int[] arr = { 1, 4, 5 };
            Console.WriteLine("调用方法前数组 0 号元素的值为{0}", arr[0]);
            Change(arr);
            Console.WriteLine("调用方法后数组 0 号元素的值为{0}", arr[0]);
            Console.ReadKey();
        }
    }
}
```

程序执行结果：

调用方法前数组 0 号元素的值为 1

方法内 0 号元素值为 888

调用方法后数组 0 号元素的值为 888

（2）引用类型对象本身发生改变，形参在方法体内部。如果修改变量引用对象本身，则方法内的引用变量的修改不会影响方法外的原始变量的所有数据。

例3-18 按值传递引用类型的调用方法，方法体内，改变引用对象本身。

```
namespace ch3_18
{
    class Program
    {
        static void Change(int[] pArray)
        {
            Console.WriteLine("修改pArray引用的对象前，pArray[0]的值为{0}", pArray[0].ToString());
            pArray = new int[3];
```

```
            pArray[0] = 888;
            Console.WriteLine("修改 pArray 引用的对象后，pArray[0]的值为{0}", pArray[0].ToString());
        }
        static void Main(string[] args)
        {
            int[] arr = { 1, 4, 5 };
            Console.WriteLine("调用方法前数组 0 号元素的值为{0}", arr[0]);
            Change(arr);
            Console.WriteLine("调用方法后数组 0 号元素的值为{0}", arr[0]);
            Console.ReadKey();
        }
    }
}
```

程序执行结果：

调用方法前数组 0 号元素的值为 1

修改 pArray 引用的对象前，pArray[0]的值为 1

修改 pArray 引用的对象后，pArray[0]的值为 888

调用方法后数组 0 号元素的值为 1

3.7.3 ref 引用传递

在调用方法时，如需要在方法内修改值类型变量后能影响原始变量值，或者需要在方法内修改变量引用的对象后，仍使方法外的变量也自动引用方法体内的新对象，可以明确地使用 ref 关键字声明方法。

使用 ref 关键字时，方法签名中的参数列表中，每个参数前面都需要使用 ref 方式传递的参数前加上 ref 关键字；在调用方法时，对应实参前也加上 ref 关键字即可。

例 3-19 ref 引用传递。

```
namespace ch3_19
{
    class Program
    {
        static void Main(string[] args)
        {
            int a = 3;      // 一定要初始化
            int b = 5;      // 一定要初始化
            change(ref a, ref b);
```

```
            Console.WriteLine("a={0}, b={1}", a, b);
            Console.ReadKey();
        }
        static void change(ref int a1, ref int b1)
        {
            int t;
            t = a1;
            a1 = b1;
            b1 = t;
        }
    }
}
```

程序运行结果：

a=5，b=3

在 Main( ) 函数中，调用了 change 函数，使用引用型参数，成功地实现了 a 和 b 的交换。a1 和 b1 所处的内存区域其实就是 a 和 b 所处的内存区域，所以当 a1 和 b1 的值互换时，a 和 b 的值自然会发生变化。

按 ref 引用传递是指实参传递给形参时，不是将实参的值复制给形参，而是将实参的引用传递给形参，实参与形参使用的是一个内存中的值。这种参数传递方式的特点是形参的值发生改变时，也改变实参的值。

3.7.4　out 输出参数传递

如果想要一个函数返回多个值，可以用输出参数来处理。输出参数由 out 关键字标识，即它与普通形参相比只多了个 out 修饰，如：

```
static void myMethod(out int x,out int y,int z)
{
}
```

它与 ref 参数传递的区别在于，（使用 out）调用方法前无须对输出参数进行初始化。输出型参数用于传递方法返回的数据。

例 3-20 out 输出参数传递。

```
namespace ch3_20
{
    class SquareApp
    {
        static void CalcSquare(int nSideLength, out int nSquared)
        {
            nSquared = nSideLength * nSideLength; // 方法体中必须给
out 参数赋值
```

```csharp
        }
        static void Main()
        {
            int nSquared;        // 不需要事先初始化
            CalcSquare(25, out nSquared);
            Console.WriteLine("the area of the square is:{0}\n", nSquared.ToString());
            Console.ReadKey();
        }
    }
}
```

例 3-21 out 输出参数传递。

```csharp
namespace ch3_21
{
    class Program
    {
        static void Main(string[] args)
        {
            Console.WriteLine("\n out 参数输出  **** \n");
            int a, b;
            UseOut(out a, out b);
            Console.WriteLine("\n 调用 UseOut 函数后返回主程序：a={0}, b={1}", a, b);
            Console.ReadLine();
        }
        private static void UseOut(out int x, out int y)
        {
            int temp;
            x = 20;
            y = 30;
            Console.WriteLine("\n 函数内交换前  x={0}, y={1}", x, y);
            temp = x;
            x = y;
            y = temp;
            Console.WriteLine("\n 函数内交换后  x={0}, y={1}", x, y);
        }
    }
}
```

程序运行结果：

out 参数输出 ****

函数内交换前 x=20, y=30

函数内交换后 x=30, y=20

调用 UseOut 函数后返回主程序：a=30, b=20

3.8 方法的重载

方法的重载实际上是方法名重载，即支持多个不同的方法采用同一名字。例如：

int abs（int n）{return（n<0）? -n: n};

float abs（float f）{if（f<0）f=-f; return f; }

double abs（double d）{if（d<0）return -d; return d; }

3个方法都是求绝对值，采用同一个方法名，更符合人们的习惯。

在程序中经常出现这样的情况：对若干种不同的数据类型求和，虽然数据本身差别很大（例如整数求和、向量求和、矩阵求和），具体的求和操作差别也很大，但完成不同求和操作的方法却可以取相同的名字（如 sum，add 等）。

方法名的重载并不是为了节省标识符（标识符的数量是足够的），而是为了方便程序员的使用，这一点很重要。实现方法的重载具有以下特性：

（1）方法名相同；

（2）方法参数列表不同。

判断上述第二点的标准有三点，满足任一点均可认定方法参数列表不同：

（1）方法参数数目不同；

（2）方法拥有相同数目的参数，但参数的类型不一样；

（3）方法拥有相同数目的参数和参数类型，但是参数类型出现的先后顺序不一样。

例 3-22 类 MyClass 中的 3 组方法构成重载。

```
namespace ch3_22
{
    class MyClass
    {
        void print(int a){} //整型
        void print(string a){}//字符串型

        int sum(int a ,int b){return a+b;}
        int sum(int a,int b,int c){return a+b+c;}

        int get(int n, float a) { return n; }
        int get(int n, float a, int m) { return n; }
    }
```

```
class Program
{
    static void Main(string[] args)
    {
    }
}
```

需要注意的是，方法返回值类型不是方法重载的判断条件；如果形参中存在两个以上的形参类型存在隐式转换关系，则可能产生二义性。

例 3-23 返回类型不能区分方法。

```
namespace ch3_23
{
    class MyClass
    {
        float add(int a, float b){return a;}
        int add(int a, float b) { return a; }//错误
    }
    class Program
    {
        static void Main(string[] args)
        {
        }
    }
}
```

例 3-24 产生二义性例子。

```
namespace ch3_24
{
    class Program
    {
        static double print(int i, double j) { return i; }
        static double print(double i, int j) { return i; }
        static void Main(string[] args)
        {
            double x = print(5,5);//二义性错误
        }
    }
}
```

例 3-25 方法重载举例。

```
namespace ch3_25
{
    class MethodClass
    {
        public int MyMethod(int x)
        {
            int num;
            if (x >= 0)
                num = x;
            else
                num = -x;
            return num;
        }
        public float MyMethod(float x)
        {
            float num;
            if (x >= 0)
                num = x;
            else
                num = -x;
            return num;
        }
        public long MyMethod(long x)
        {
            long num;
            if (x >= 0)
                num = x;
            else
                num = -x;
            return num;
        }
    }

    class Program
    {
        static void Main()
        {
```

```
            MethodClass m = new MethodClass();
            int a = -20;
            float b = -63.54f;
            long c = -22887L;
            Console.WriteLine("|a|={0},|b|={1},|c|={2}",m.MyMethod(a), m.MyMethod(b), m.MyMethod(c));
            Console.ReadKey();
        }
    }
}
```

例3-26 方法重载举例。

```
namespace ch3_26
{
    class Circle
    {
        private const float PI = 3.141526F;
        //1.没有任何已知条件
        public static double Area()
        {
            Console.WriteLine("空空如也！");
            return 0;
        }

        //2.已知圆心坐标
        public static double Area(int x1, int y1)
        {
            Console.WriteLine("这是一个圆点，坐标为({0},{1})", x1, y1);
            return 0;
        }

        //3.已知半径
        public static double Area(double r)
        {
            double theArea;
            theArea = PI * r * r;
            return theArea;
```

```csharp
    }

    //4.已知圆心坐标和半径
    public static double Area(int x1, int y1, double r)
    {
        Console.WriteLine("这是一个圆点在({0},{1})半径为{2}的圆", x1, y1, r);
        return Area(r);
    }

    //5.已知圆心和圆周边上的一点
    public static double Area(int x1, int y1, int x2, int y2)
    {
        int x = x2 - x1;
        int y = y2 - y2;
        double r = (double)Math.Sqrt(x * x + y * y);
        Console.WriteLine("这是一个圆心在({0},{1}),圆周边一点在({2},{3})的圆,圆的半径为{4}", x1, y1, x2, y2, r);
        return Area(r);
    }

    static void Main(string[] args)
    {
        int x1 = 2, x2 = 4;         //x坐标
        int y1 = 3, y2 = 5;         //y坐标
        double radius = 3;          //半径
        double CircleArea = 0;

        CircleArea = Area();
        Console.WriteLine("-->1.面积为{0}", CircleArea);
        Console.WriteLine();

        CircleArea = Area(x1, y1);
        Console.WriteLine("-->2.面积为{0}", CircleArea);
        Console.WriteLine();

        CircleArea = Area(radius);
```

```
            Console.WriteLine("-->3.面积为{0}", CircleArea);
            Console.WriteLine();

            CircleArea = Area(x1, y1, radius);
            Console.WriteLine("-->4.面积为{0}", CircleArea);
            Console.WriteLine();

            CircleArea = Area(x1, y1, x2, y2);
            Console.WriteLine("-->5.面积为{0}", CircleArea);
            Console.WriteLine();

            Console.ReadKey();
        }
    }
}
```

3.9 构造函数

3.9.1 构造函数概述

构造函数是一种特殊的方法，用来实现对象的初始化。每个类都显示或隐式地包含一个构造函数。构造函数需要通过使用与其所属类相同的名称来定义。构造函数在类实例化时由CLR 自动调用。构造函数的一般语法格式为

访问控制符 构造函数名(参数列表)
{
//构造函数的方法体
}

构造函数是一种特殊的方法成员，其主要作用是在创建对象时初始化对象。每个类都有构造函数，即使开发者没有声明，编译器也会自动地为其提供一个默认的构造函数。如果声明了构造函数，系统将不再提供默认构造函数。

如果调用的是默认构造函数，在创建对象时，系统将不同类型的数据成员初始化为相应的默认值。例如，数值类型被初始化为 0，字符串类型被初始化为 null，逻辑类型被初始化为 false。

构造函数是一种特殊的成员函数。它主要用于为对象分配存储空间，对数据成员进行初始化。构造函数具有以下一些特殊的性质。

（1）构造函数的名字必须与类相同。
（2）构造函数没有返回类型。它可以带参数，也可以不带参数。
（3）声明类对象时，系统自动调用构造函数，构造函数不能被显式调用。
（4）构造函数可以重载，从而提供初始化类对象的不同方法。

（5）若在声明时未定义构造函数，系统会自动生成默认的构造函数，此时构造函数的函数体为空。

（6）静态构造函数用 static 修饰，用于初始化静态变量，在类实例化时加载。这时修饰符 public、private 失去作用，而且不能被直接调用。

（7）可以使用 public、protected、private 修饰符。一般地，构造函数总是 public 类型的；如果是 private 类型的，表明类不能被实例化。

（8）引用父类构造时用（）：base()方法；引用自身重载的构造时用（）：this（int para）。

3.9.2 默认构造函数

如果在类声明中没有显式声明构造函数，那么编译器会自动生成一个隐式的默认构造函数。

该构造函数的函数名和类名相同，public，没有参数，方法体为空。它实例化对象，并且将成员字段初始化为成员类型的默认值。

无论何时，只要使用 new 运算符实例化对象，并且不为 new 提供任何参数，就会调用默认构造函数。下面是一个 Person 类的声明，没有显式声明构造函数。

例 3-27 默认构造函数。

```
namespace ch3_27
{
    class Person
    {
        // Fields
        private string _name;
        public string Name
        {
            get { return _name; }
            set { _name = value; }
        }
        private int _age;
        public int Age
        {
            get { return _age; }
            set { _age = value; }
        }
        public bool isInitialized;

    }
    class Program
    {
```

```
        static void Main(string[] args)
        {
            // 调用默认构造函数创建类对象
            Person p = new Person();
        }
    }
}
```

3.9.3 显式声明的无参构造函数

显式声明的无参构造函数有如下特征。

第一，构造函数名和类名相同，可以有修饰符。

第二，构造函数无返回值，连 void 都没有。

第三，可以带有访问修饰符，如果允许从类的外部创建类的实例，则为 public。

例 3-28 显式声明的无参构造函数。

```
namespace ch3_28
{
    class Person
    {
        // Fields
        private string _name;
        public string Name
        {
            get { return _name; }
            set { _name = value; }
        }
        private int _age;
        public int Age
        {
            get { return _age; }
            set { _age = value; }
        }
        public bool isInitialized;
        //显式声明的无参构造函数
        public Person()
        {
            this.Name = "unknow";
            this.isInitialized = true;
        }
```

```
    }
    class Program
    {
        static void Main(string[] args)
        {
            // 调用默认构造函数创建类对象
            Person p = new Person();
        }
    }
}
```

第四，一旦为类显式声明了任何一个构造函数，编译器就不会为该类生成默认的构造函数。这时，如果还想调用和默认构造函数一样的无参构造函数，就必须显式声明，否则编译器会报错。

例 3-29 为构造函数声明参数。

```
namespace ch3_29
{
    class Person
    {
        // Fields
        private string _name;
        public string Name
        {
            get { return _name; }
            set { _name = value; }
        }
        private int _age;
        public int Age
        {
            get { return _age; }
            set { _age = value; }
        }
        public bool isInitialized;
        // 为构造函数声明一个参数
        public Person(string name)
        {
            this.Name = name;
            this.isInitialized = true;
        }
```

```csharp
    }
    class Program
    {
        static void Main(string[] args)
        {
        }
    }
}
```
然后，调用默认构造函数实例化一个对象就会报错：
```csharp
// 调用默认构造函数创建类对象
Person p = new Person();
```

3.9.4 构造函数的重载

一个类的构造函数可以有多个，这是构造函数的重载。

例 3-30 构造函数的重载。
```csharp
namespace ch3_30
{
    class Person
    {
        // Fields
        private string _name;
        private int _age;
        public bool isInitialized;
        // Properties
        public string Name
        {
            get { return _name; }
            set { _name = value; }
        }
        public int Age
        {
            get { return _age; }
            set { _age = value; }
        }

        // Constructor
        // 1.与默认构造函数一致的无参构造函数
```

```csharp
        public Person() { }
        // 2.为构造函数声明一个参数
        public Person(string name)
        {
            this.Name = name;
            this.isInitialized = true;
        }
        // 3.构造函数的重载2,有两个参数
        public Person(string name, int age)
        {
            this.Name = name;
            this.Age = age;
        }
        // Methods
        /// 设置新名称
        public void SetName(string newName)
        {
            this.Name = newName;
        }


}


class Program
{
    static void Main(string[] args)
    {
        // 1.调用默认构造函数创建类对象
        Person p = new Person();
        // 2.调用一个参数的构造函数创建对象
        Person p1 = new Person("李白");
        // 3.调用两个参数的构造函数创建对象
        Person p2 = new Person("李白", 18);
        Console.ReadKey();
    }
}
}
```

3.9.5 指定初始值设定项

在类的构造函数中，通过使用关键字 this，可以调用类中定义的一个特定构造函数。使用方法是把 this 关键字添加到构造函数声明中，将调用对应参数列表匹配的构造函数。

this 关键字的这种用法是使用一项名为构造函数链的技术来设计类。当定义了多个构造函数时，这个设计模式就会很有用。由于构造函数通常会验证传入的参数来强制各种业务规则，所以在类的构造函数集合中经常会找到冗余的验证逻辑。

例 3-31 Motorcycle 类。

```
namespace ch3_31
{
    class Motorcycle
    {
        public int driverIntensity;
        public string driverName;
        public Motorcycle()
        {}
        //冗余的构造函数
        public Motorcycle(int intensity)
        {
          if(intensity > 10)
            {
                intensity = 10;
            }
            driverIntensity = intensity;
        }
        public Motorcycle(int intensity,string name)
        {
            if(intensity>10)
            {
                intensity = 10;
            }
            driverIntensity = intensity;
            driverName = name;
        }
    }
    class Program
    {
        static void Main(string[] args)
```

```
                {
                }
            }
        }
```

在这里，每一个构造函数确保强度等级不超过 10。虽然可以这么做，但是在两个构造函数中有冗余代码语句。这不够完美。如果规则改变的话，就必须在多个位置更新代码。

改进这种情况的一个方法就是在 Motorcycle 类中定义一个用来验证传入参数的方法。如果这么做的话，每一个构造函数就可以在进行字段赋值之前调用这个方法。虽然这个方法确实可以隔离在业务规则改变时需要修改的代码，但是会面临如下的冗余。

例 3-32 Motorcycle 类。

```
namespace ch3_32
{
    class Motorcycle
    {
        public int driverIntensity;
        public string driverName;
        //构造函数
        public Motorcycle()
        {}
        public Motorcycle(int intensity)
        {
            SetIntensity(intensity);
        }
        public Motorcycle(int intensity,string name)
        {
            SetIntensity(intensity);
            driverName = name;
        }
        public void SetIntensity(int intensity)
        {
            if(intensity >10)
            {
                intensity = 10;
            }
            driverIntensity = intensity;
        }
    }
    class Program
```

```
        static void Main(string[] args)
        {
        }
    }
}
```

一个更简洁的方案就是，让一个接受最多参数个数的构造函数做"主构造函数"，并且实现必需的验证逻辑。其余的构造函数可以使用 this 关键字把传入的参数转发给主构造函数，并且提供所有必需的其他参数。这样，整个类中只会有一个构造函数需要开发者去操心，其余构造函数基本是空的。

下面是 Motorcycle 类的最后一次迭代。在串联构造函数时，请注意 this 是如何在构造函数本身的作用域之外"躲开"构造函数的声明的。

例 3-33 Motorcycle 类。

```
namespace ch3_33
{
    class Motorcycle
    {
        public int driverIntensity;
        public string driverName;
        //构造函数
        public Motorcycle(){}
        public Motorcycle(int intensity):this(intensity,""){}
        public Motorcycle(string name):this(0,name){}
        //这是做所有工作的"主"构造函数
        public Motorcycle(int intensity,string name)
        {
            if(intensity>10)
            {
                intensity = 10;
            }
            driverIntensity = intensity;
            driverName = name;
        }
    }

    class Program
    {
        static void Main(string[] args)
```

```
        {
        }
    }
}
```

需要理解的是，使用 this 关键字串联构造函数不是强制的。但如果使用这项技术，类定义就会更容易维护、更简明。

3.9.6 readonly 修饰符

在某些特殊情况下，对象的字段需要使用修饰符 readonly。此类字段只能在类或对象初始化时进行赋值，具体赋值过程可以在声明中赋值，也可以在构造函数中进行赋值。

此类字段之所以不用常量，是因为这些字段的值在编写代码和编译程序时不能确定其值，而是在类或对象初始化时才能确定值。

例 3-34 在 Student 类中，身份证号字段是只读的，其属性也只有 get 属性，使用 readonly 修饰符。

```
namespace ch3_34
{
    public class Student
    {
        private readonly string id;
        public string ID
        {
            get { return id; }
        }
    }
    class Program
    {
        static void Main(string[] args)
        {
        }
    }
}
```

3.10 静态成员

类中字段、属性、索引器及方法的调用都必须通过"对象名"来实现。类的这些成员又被称为实例成员，即它们都属于某个具体的对象（类的实例）。在某些情况下，同一类的所有对象需要共享数据，此时实例成员不能满足要求，为此设计了类的静态成员。

静态成员属于类，而不属于实例。静态构造函数还可以初始化类。静态成员是与类相联系的概念。当需要初始化或提供由类的所有实例共享的数值时,使用静态成员很有用。

由于静态成员属于类而不属于实例,所以它们都是通过类而不是通过类的实例(对象)来访问的。

静态成员包括静态属性、静态字段、静态方法、静态构造函数。

静态类成员的调用:

类名.成员字段

类名.成员方法([参数列表])

3.10.1 静态字段

静态字段的声明格式与一般字段语法格式一样,只是其修饰符为"static"。静态字段一般通过类来访问,不可以通过实例来访问。

例 3-35 在 Student 类中,添加一个静态字段 nationality 表示国籍,用于记录全校学生共享的国籍。

```
namespace ch3_35
{
    public class Student
    {
        static public string nationality;

        private readonly string id;
        public string ID
        {
            get { return id; }
        }
    }
    class Program
    {
        static void Main(string[] args)
        {
        }
    }
}
```

3.10.2 静态属性

正如实例字段可以对应设计属性一样,静态字段也可以对应设计静态属性。但静态属性必须是访问的静态字段的值。静态属性一般通过类来访问,不可以通过实例来访问。

例 3-36 修改 Student,修改原有静态字段 nationality,并添加对象的静态属性。

```
namespace ch3_36
{
    public class Student
    {
        static private string nationality;
        static public string Nationality
        {
            get { return nationality; }
            set { nationality = value; }
        }

        private readonly string id;
        public string ID
        {
            get { return id; }
        }


    }
    class Program
    {
        static void Main(string[] args)
        {
        }
    }
}
```

3.10.3 静态方法

类的方法可以是静态的。静态方法只能通过类来调用，不能通过实例来调用。静态方法声明和定义与一般方法声明和定义的语法格式一样，但其修饰符为"static"。静态方法一般是全局的。当成员引用或操作的信息是关于类的而不是类的实例时，这个成员就应该设置成静态成员。

静态方法中，只能访问类中的静态字段或静态属性等类共享的信息，而不能访问实例数据。

例 3-37 静态方法举例。

```
namespace ch3_37
{
    class test
```

```
{
    public int x;
    static public int y;
    public void F()
    {
        x = 1; // 正确，等价于 this.x = 1
        y = 1; // 正确，等价于 Test.y = 1
    }
    static public void G()
    {
        //x = 1; // 错误，不能访问 this.x
        y = 1; // 正确，等价于 Test.y = 1
    }
}

class Program
{
    static void Main(string[] args)
    {
        test t = new test();
        t.F();
        //t.G();            //错误，不能在类的实例中访问静态成员
        //test.x = 1; // 错误，不能按类访问实例成员
        test.y = 1;
        test.G();
    }
}
```

"static void Main(string[] args)"使用了关键字 static，代表是静态方法。

如果 Main 方法里面要调用外面的方法或者函数，必须是静态的方法或者是函数。

3.10.4　静态构造函数

通过构造函数可以初始化类的对象，也可以设计初始化类本身的构造函数。此类构造函数称为静态构造函数。静态构造函数使用 static 修饰符，不能有访问控制符。

静态构造函数不对类的特定实例进行操作，也称为全局构造函数。

静态构造函数不能直接调用。静态构造函数会在第一个实例创建和静态方法被调用之前自动执行，并且只执行一次，因此静态构造函数适合于对类的所有实例都用到的数据进行初始化。

例 3-38　静态构造函数。

```csharp
namespace ch3_38
{
    class Person
    {
        private string _name;
        private int _age;
        // 静态字段
        private static string _test;
        public bool isInitialized;
        // 1.与默认构造函数一致的无参构造函数
        public Person()
        { }
        // 2.为构造函数声明一个参数
        public Person(string name)
        {
            this.Name = name;
            this.isInitialized = true;
        }
        // 3.构造函数的重载2，有两个参数
        public Person(string name, int age)
        {
            this.Name = name;
            this.Age = age;
        }
        // 静态构造函数
        static Person()
        {
            _test = "test static constructor";
            Console.WriteLine("我是静态构造函数，我被调用! ");
        }
        // Methods     /// 设置新名称
        public void SetName(string newName)
        {
            this.Name = newName;
        }
        // Properties
        public string Name
```

```csharp
        {
            get { return _name; }
            set { _name = value; }
        }
        public int Age
        {
            get { return _age; }
            set { _age = value; }
        }
    }

    class Program
    {
        static void Main(string[] args)
        {
        }
    }
}
```

第一，静态构造函数既没有访问修饰符，也没有参数。试图为静态构造函数添加修饰符将得到错误消息。

第二，在程序中，用户无法直接调用静态构造函数；用户无法控制何时执行静态构造函数；在创建第一个实例或引用任何静态成员之前，系统将自动调用静态构造函数来初始化类。试图手动调用构造函数，根本找不到。

第三，即使创建类的多个实例，静态构造函数也仅运行一次，并且在实例构造函数运行之前运行。下面调用构造函数的不同重载版本创建 3 个 Person 类的实例。

例 3-39 调用构造函数。

```csharp
namespace ch3_39
{
    class Person
    {
        private string _name;
        private int _age;
        // 静态字段
        private static string _test;
        public bool isInitialized;
        // 1.与默认构造函数一致的无参构造函数
        public Person()
        { }
```

```csharp
        // 2.为构造函数声明一个参数
        public Person(string name)
        {
            this.Name = name;
            this.isInitialized = true;
        }
        // 3.构造函数的重载 2,有两个参数
        public Person(string name, int age)
        {
            this.Name = name;
            this.Age = age;
        }
        // 静态构造函数
        static Person()
        {
            _test = "test static constructor";
            Console.WriteLine("我是静态构造函数,我被调用!");
        }
        // Methods     /// 设置新名称
        public void SetName(string newName)
        {
            this.Name = newName;
        }
        // Properties
        public string Name
        {
            get { return _name; }
            set { _name = value; }
        }
        public int Age
        {
            get { return _age; }
            set { _age = value; }
        }
    }
    class Program
    {
        static void Main(string[] args)
```

```
        {
            // 1.调用默认构造函数创建类对象
            Person p = new Person();
            p.Name = "test";
            Console.WriteLine(p.Name);
            // 2.调用一个参数的构造函数创建对象
            Person p1 = new Person("李白");
            Console.WriteLine(p1.Name);
            // 3.调用两个参数的构造函数创建对象
            Person p2 = new Person("李白", 18);
            Console.WriteLine("姓名：{0}，年龄{1}", p2.Name, p2.Age);
            Console.ReadKey();

        }
    }
}
```

上面调用代码的执行结果，结果表明创建 3 个类实例，static 构造函数是由系统自动调用，并且仅仅调用了一次。

静态构造函数与静态方法一样，只能访问静态成员。

静态构造函数是实现对一个类进行初始化的方法成员。它一般用于对静态数据的初始化。静态构造函数不能有参数，不能有修饰符而且不能被调用。当类被加载时，类的静态构造函数自动被调用。

3.10.5 静态类

静态类是这样一种类：在类中所有的成员都是静态的。静态类用于分组不受实例数据影响的数据和函数。静态类的一个普通的用途就是创建一个包含一组数学方法的数学库。

关于静态类的重要事项如下：

类本身必须标记为 static；

类的所有成员必须是静态的；

类可以有一个静态构造函数，但没有实例构造函数，不能创建该类的实例；

不能继承静态类，它们是密封的；

静态类只用于包含静态成员的类型，它不能实例化。静态类的特性是防止继承，防止外部来创建对象。

例 3-40 静态类只包含静态成员。

```
namespace ch3_40
{
    static public class Myclass
    {
```

```
            public static float PI = 3.14f;
            public static bool IsOdd(int x)
            {
                return x % 2 == 1;
            }
            public static int Time2(int x)
            {
                return 2 * x;
            }
        }
        class Program
        {
            static void Main(string[] args)
            {
                int val = 3;
                Console.WriteLine("{0} is odd is {1}.", val, Myclass.IsOdd(val));
                Console.WriteLine("{0}*2={1}.", val, Myclass.Time2(val));
                Console.ReadKey();
            }
        }
    }
```

静态类的几个注意点：

（1）静态类不能有构造函数；

（2）静态类不能有任何实例成员；

（3）静态类的成员不能有 protected 或 protected internal 访问保护修饰符。

3.11 索引器

前面已经学习了类的初步定义，完成了学生类 Student 的定义。现在要完成班级类 StudentClass 的定义，每个班级最多有 45 个学生，怎样来定义这个班级？

例 3-41 学生类的定义。

```
namespace ch3_41
{
    class Student
    {
        //字段
        private string sname;
```

```csharp
        private string sno;
        private string sphone;
        //属性
        public string Sname
        {
            get { return sname; }
            set { sname = value; }
        }
        public string Sno
        {
            get { return sno; }
            set { sno = value; }
        }
        public string Sphone
        {
            get { return sphone; }
            set { sphone = value; }
        }
    }

    class Program
    {
        static void Main(string[] args)
        {
        }
    }
}
```

回顾前面数组的定义，如有以下几个数值：

10，21，45，85

如果要存放这几个整数，该用整数数组进行如下定义：

int[] arr=new int[4];

可是现在要放的是学生对象，如：

{"张三"，"1207001"，"15825522"}

{"李四"，"1207002"，"15825523"}

{"王五"，"1207003"，"15825524"}

要将 int 改为 Student 类型了，于是有

Student[] students = new Student[48];

把这个数组当成一个字段放在班级类中，用来保存学生信息，于是得到下面的代码。

例 3-42 班级类。

```csharp
namespace ch3_42
{
    class Student
    {
        //字段
        private string sname;
        private string sno;
        private string sphone;
        //属性
        public string Sname
        {
            get { return sname; }
            set { sname = value; }
        }
        public string Sno
        {
            get { return sno; }
            set { sno = value; }
        }
        public string Sphone
        {
            get { return sphone; }
            set { sphone = value; }
        }
    }

    //定义班级类，包含了48个学生
    class StudentClass
    {
        public Student[] students = new Student[48];
    }

    class Program
    {
        static void Main(string[] args)
        {
        }
```

        }
}

主函数中,可以像下面这样来访问。

例3-43 主函数中访问学生。

```
namespace ch3_43
{
    class Student
    {
        //字段
        private string sname;
        private string sno;
        private string sphone;
        //属性
        public string Sname
        {
            get { return sname; }
            set { sname = value; }
        }
        public string Sno
        {
            get { return sno; }
            set { sno = value; }
        }
        public string Sphone
        {
            get { return sphone; }
            set { sphone = value; }
        }
    }

    //定义班级类,包含了48个学生
    class StudentClass
    {
        public Student[] students = new Student[48];
    }

    class Program
    {
```

```csharp
static void Main(string[] args)
{
    Student s1;
    s1 = new Student();
    s1.Sname = "gyh";
    s1.Sno = "120801";

    Student s2;
    s2 = new Student();
    s2.Sname = "cxy";
    s2.Sno = "120802";

    StudentClass cs1208;
    cs1208 = new StudentClass();
    cs1208.students[0] = s1;
    cs1208.students[1] = s2;
}
}
```

每一次的赋值以及使用都要加上数组名，比较麻烦。C#中提供了一种方法，可以将班级类的对象 CS1208 当成数组来使用，它就是索引器。

索引器是一种特殊的类成员。它能够让对象以类似数组的方式来存取，使程序看起来更为直观，更容易编写。

3.11.1 索引器的定义

C#中的类成员可以是任意类型，包括数组和集合。当一个类包含了数组和集合成员时，索引器将大大简化对数组或集合成员的存取操作。

定义索引器的方式与定义属性有些类似，其一般形式如下：

```
[修饰符] 数据类型 this[索引类型 index]
{
    get{//获得属性的代码}
    set{ //设置属性的代码}
}
```

数据类型是表示将要存取的数组或集合元素的类型。

索引类型可以是整数，可以是字符串；this 表示操作本对象的数组或集合成员，可以简单把它理解成索引器的名字，因此索引器不能具有用户定义的名称。

例 3-44 定义索引器。

```
namespace ch3_44
```

```csharp
{
    class Z
    {
    //可容纳100个整数的整数集
    private long[] arr = new long[100];
    //声明索引器
    public long this[int index]
    {
        get
        {
            //检查索引范围
            if (index < 0 || index <= 100)
            {
                return 0;
            }
            else
            {
                return arr[index];
            }
        }
        set
        {
            if (!(index < 0 || index <= 0))
            {
            arr[index] = value;
            }
        }
    }
    }

    class Program
    {
        static void Main(string[] args)
        {
        }
    }
}
```

3.11.2 索引器的使用

通过索引器可以存取类的实例的数组成员，操作方法和数组相似，一般形式如下：
对象名[索引]
其中，索引的数据类型必须与索引器的索引类型相同。
例 3-45 使用索引器。

```
namespace ch3_45
{
    class Z
    {
        //可容纳100个整数的整数集
        private long[] arr = new long[100];
        //声明索引器
        public long this[int index]
        {
            get
            {
                //检查索引范围
                if (index < 0 || index <= 100)
                {
                    return 0;
                }
                else
                {
                    return arr[index];
                }
            }
            set
            {
                if (!(index < 0 || index <= 0))
                {
                    arr[index] = value;
                }
            }
        }
    }

    class Program
```

```
        {
            static void Main(string[] args)
            {
                //使用索引器
                Z z = new Z();
                z[0] = 100;
                z[1] = 101;
                Console.WriteLine(z[0]);
                Console.ReadKey();
            }
        }
}
```

该例表示先创建一个对象z,再通过索引来引用该对象中的数组元素。

对于前面的学生班级例子,可以如下用索引器。

例3-46 班级类中的索引器。

```
namespace ch3_46
{
    //学生类
    class Student
    {
        //字段
        private string sname;
        private string sno;
        private string sphone;
        //属性
        public string Sname
        {
            get { return sname; }
            set { sname = value; }
        }
        public string Sno
        {
            get { return sno; }
            set { sno = value; }
        }
        public string Sphone
        {
            get { return sphone; }
```

```
            set { sphone = value; }
        }
    }
    //班级类
    class StudentClass
    {
        public Student[] students = new Student[48];
        public Student this[int i]
        {
            get
            {
                if ((i >= 0) && (i < students.Length))
                {
                    return students[i];
                }
                else
                {
                    return null;
                }
            }
            set
            {
                if ((i >= 0) && (i < students.Length))
                {
                    students[i] = value;
                }
            }
        }
    }

    class Program
    {
        static void Main(string[] args)
        {
            Student s3;
            s3 = new Student();
            s3.Sname = "wx";
            s3.Sno = "120701";
```

```csharp
            Student s4;
            s4 = new Student();
            s4.Sname = "zq";
            s4.Sno = "120702";

            StudentClass cs1207;
            cs1207 = new StudentClass();
            cs1207[0] = s3; //使用索引后的调用，不用写数组名
            cs1207[1] = s4; //使用索引后的调用，不用写数组名

//以下是不用索引器，对对象中包含的数组元素进行引用的情况
            Student s1;
            s1 = new Student();
            s1.Sname = "gyh";
            s1.Sno = "120801";

            Student s2;
            s2 = new Student();
            s2.Sname = "cxy";
            s2.Sno = "120802";

            StudentClass cs1208;
            cs1208 = new StudentClass();
            cs1208.students[0] = s1; //对比：普通的调用，写数组名
            cs1208.students[1] = s2;// 对比：普通的调用，写数组名

            Console.WriteLine(cs1207[1].Sname);
            Console.ReadKey();

        }
    }
}
```

在使用对象中包含的数组元素时，可以不用写数组名，直接用类对象去引用，方便了代码的编写。

3.12 内部类和匿名类

3.12.1 内部类

在某些情况下,少数类只在一些类的内部需要。为了简化程序的管理,降低程序复杂性,这些类被声明于类的内部,称为内部类。

例 3-47 内部类。

```
namespace ch3_47
{
    class TestClass
    {
        class InnerClass   //InnerClass是一个内部类
        {
        }
    }

    class Program
    {
        static void Main(string[] args)
        {
        }
    }
}
```

3.12.2 匿名类

匿名类用来表示临时使用的只读数据。匿名类提供了一种方便的方法,用来将一组只读属性封装到单个对象中,而无须首先显式定义一个类型。类型名由编译器推断来生成。

例 3-48 匿名类。

```
namespace ch3_48
{
    class Program
    {
        static void Main(string[] args)
        {
            //定义匿名类
            var val = new { StrVal = "HelloWorld", IntVal = 200 };
            System.Console.WriteLine("first    variable   is:   {0};
theSecondVariable is:{1}",val.StrVal,val.IntVal);
            System.Console.WriteLine("val.ToString() is:{0}",val.
```

```
ToString());
            System.Console.ReadLine();
        }
    }
}
```

3.13 案例完成

(1) 先给出客车类的字段定义：

```
class Passtrain    //类名为 Passtrain  （客车）
{
    //以下为成员字段----------------------------------------
    int weight;                //此车的重量
    private int passengers;    //私有成员，标准容纳乘客数
    public int wheels;         //公有成员，该客车的轮子数
    public string plate;       //公有成员，车牌号
}
```

字段解析：

客车类模型 Passtrain 中定义了 4 个成员，分别用于保存客车的重量、可容纳的乘客数、轮子数和车牌号。

在面向对象程序设计中，类里面的成员在定义时一般都要加上访问控制修饰符，以标志该成员在哪些范围能够被访问得到。

若声明成员时没有使用任何修饰符，则该成员被认为是私有的（private）。

(2) 客车类的属性声明：

```
class Passtrain    //类名为 Passtrain  （客车）
{
    //以下为成员字段----------------------------------------
    int weight;                //此车的重量
    private int passengers;    //私有成员，标准容纳乘客数
    public int wheels;         //公有成员，该客车的轮子数
    public string plate;       //公有成员，车牌号
    //以下为成员属性----------------------------------------
    //以下声明公有访问属性以访问私有的 weight 成员
    public int Weight
    {
        get { return weight; }     //提供对 weight 的读权限
        set { weight = value; }    //提供对 weight 的写权限
    }
```

```csharp
//以下声明公有访问属性以访问私有的 passengers 成员
public int Passengers
{
    get { return passengers; }  //提供对 passengers 的读权限
}
}
```

(3)客车类有参数的构造函数和无参数的构造函数声明：

```csharp
//声明公有含参数的构造方法
//参数 we、p、wh、sp 分别传递车重、载客量、车轮、车牌号
public Passtrain(int we ,int p,int wh, string sp)
{
    weight = we;
    wheels = wh;
    passengers = p;
    plate = sp;
    Console.WriteLine("客车类的有参构造函数被调用");
}
//声明一个不含参数的构造方法
public Passtrain( )
{
    weight = 100;
    passengers = 20;
    wheels = 4;
    plate = "000000";
    Console.WriteLine("客车类的无参构造函数被调用");
}
```

(4)客车类定义最大时速的静态成员：

```csharp
class Passtrain   //类名为 Passtrain    (客车)
{
    public static float SMAX = 100;  //静态公有字段,最大时速
}
```

(5)静态成员访问只能通过类名访问，如：

```csharp
class Test
{
    static void Main()
    {
        Console.WriteLine("客车类的最大时速为{0}", Passtrain.SMAX);
    }
}
```

本章小结

本章通过设计一个交通工具中的客车类案例需求，引入面向对象的相关知识。通过对现实世界中的对象的抽象，程序员能够很方便地写出类的定义。本章从类的定义、类与对象的关系等方面逐一进行讲解，包括类中的字段、属性、方法、构造函数、索引器、静态成员等内容的具体介绍与使用。

习题

1. 定义一个时间类，要求实现以下工作：
（1）定义私有的字段，包括年、月、日、时、分和秒；
（2）为私有的字段定义对应的属性；
（3）定义构造方法，缺省的构造方法（函数）和带参数的构造方法，缺省构造函数的各个字段的取值可以取系统的当前时间，方法是 DateTime.Now；
（4）定义普通的方法，功能是对时间进行设置；
（5）重写 ToString 方法，将时间类的对象以字符串的形式返回；
（6）具体的实现方式和功能可以根据具体情况灵活实现。
2. 定义一个测试类，放置一个主方法对时间类进行测试。

第 4 章 面向对象的高级特性

【本章学习目标】

本章主要讲解面向对象思想的三大核心要素，即继承、封装与多态。它们构成了面向对象程序设计思想的基础。通过这些基础可以最大程度地实现代码的重用，有效地降低了软件的复杂性。通过本章学习，读者应掌握以下内容：

- 类的继承、封装与多态；
- 类的密封；
- 类的抽象；
- 类的接口；
- 委托与事件。

4.1 案例引入

从图 4-1 所示的交通工具的体系图中可以看到，交通工具类可以细分为客车、货车、自行车、板车等车型，客车类具有交通工具类所有的基本信息。前面已介绍过客车类的定义，现在如果要在客车类的基础上派生出新的车型：一个是出租车，出租车除了具有客车类的一些特性外，还有它本身的每千米的价格和喇叭声特性；另一个是公共汽车，它具有自身的喇叭声特性。如何让代码尽可能简洁？如何让所有客车的派生类都提供车重、车牌号和输出车相关信息的方法？汽车超速时如何警示？

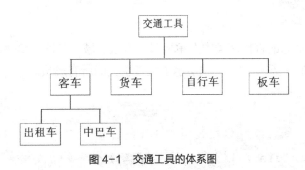

图 4-1 交通工具的体系图

4.2 面向对象的三大特性

面向对象的三个基本特征是继承、封装、多态。

面向对象编程（OOP）语言的一个主要功能就是"继承"。继承是指这样一种能力：它可以使用现有类的所有功能，并在无须重新编写原来的类的情况下对这些功能进行扩展。通过继承创建的新类称为"子类"或"派生类"。被继承的类称为"基类"、"父类"或"超类"。继承的过程，就是从一般到特殊的过程。

封装是面向对象的特征之一，是对象和类概念的主要特性。封装，也就是把客观事物封装成抽象的类，并且类可以把自己的数据和方法只让可信的类或者对象操作，对不可信的进行信息隐藏。在 C#语言中，可以使用修饰符 public、internal、protected、private 分别修饰类的字段、属性和方法。

多态性是允许用户将父对象设置成为和其一个或更多子对象相等的技术。赋值之后，父对象就可以根据当前赋值给它的子对象的特性以不同的方式运作。

4.3 类的继承

继承是面向对象程序设计的主要特征之一。它可以让用户重用代码，节省程序设计的时间。继承就是在类之间建立一种相交关系，使得新定义的派生类的实例可以继承已有基类的特征和能力，而且可以加入新的特性或者是修改已有的特性建立起类的新层次。

现实世界中的许多实体之间不是相互孤立的。它们往往具有共同的特征，也存在内在的差别。人们可以采用层次结构来描述这些实体之间的相似之处和不同之处。

在案例中反映了交通工具类的派生关系。最高层的实体往往具有最一般，最普遍的特征，越下层的事物越具体，并且下层包含了上层的特征。它们之间的关系是基类与派生类之间的关系。

继承的定义和使用：在现有类（称为直接基类、父类）上建立新类（称为派生类、子类）的处理过程称为继承。子类自动获得父类的所有属性和方法，而且可以在子类中添加新的属性和方法。

通过继承创建子类的语法：

```
<访问修饰符> class 派生类名：基类名
{
    //类的代码
}
```

C#中，派生类从它的直接基类中继承成员：方法、域、属性、事件、索引指示器。除构造方法和析构方法外，派生类隐式地继承了直接基类的所有成员。

例 4-1 派生类继承基类。

```
namespace ch4_1
{
    class Vehicle　//定义交通工具（汽车）类
```

```
    protected int wheels;  //公有成员：轮子个数
    protected float weight;  //保护成员：重量
    public Vehicle() { }
    public Vehicle(int w, float g)
    {
        wheels = w;
        weight = g;
    }
    public void Speak()
    {
        Console.WriteLine("交通工具的轮子个数是可以变化的！");
    }
}
class Car : Vehicle  //定义轿车类：从汽车类中继承
{
    int passengers;  //私有成员：乘客数
    public Car(int w, float g, int p)
        : base(w, g)
    {
        wheels = w;
        weight = g;
        passengers = p;
    }
}
class Program
{
    static void Main(string[] args)
    {
    }
}
}
```

Vehicle 作为基类，体现了"汽车"这个实体具有的公共性质：汽车都有轮子和重量。Car 类继承了 Vehicle 的这些性质，并且添加了自身的特性：可以搭载乘客。

C#中的继承主要有以下几种特性。

（1）继承是可传递的。如果 C 从 B 中派生，B 又从 A 中派生，那么 C 不仅继承了 B 中声明的成员，而且继承了 A 中的成员。Object 类作为所有类的基类。

（2）派生类应当是对基类的扩展。派生类可以添加新的成员，但不能除去已经继承的成员的定义。

（3）构造函数和析构函数不能被继承。除此以外的其他成员，不论对它们定义了怎样的访问方式，都能被继承。基类中成员的访问方式只能决定派生类能否访问它们。

（4）派生类如果定义了与继承而来的成员同名的新成员，就可以覆盖已继承的成员。但这并不因为这派生类删除了这些成员，只是不能再访问这些成员。

（5）类可以定义虚方法、虚属性以及虚索引指示器。它的派生类能够重载这些成员，从而实现类可以展示出多态性。

（6）派生类只能从一个类中继承，可以通过接口实现多重继承。

下面的代码是一个子类继承父类的例子。

例4-2 子类继承父类。

```
namespace ch4_2
{
    public class ParentClass
    {
        public ParentClass()
        {
            Console.WriteLine("父类构造函数。");
        }
        public void print()
        {
            Console.WriteLine("I'm a Parent Class。");
        }
    }

    public class ChildClass : ParentClass
    {
        public ChildClass()
        {
            Console.WriteLine("子类构造函数。");
        }
        public static void Main()
        {
            ChildClass child = new ChildClass();
            child.print();
            Console.ReadKey();
        }
    }
}
```

程序运行输出结果：

父类构造函数。

子类构造函数。

I'm a Parent Class。

上面的一个类名为 ParentClass，Main 函数中用到的类名为 ChildClass。要做的是创建一个使用父类 ParentClass 现有代码的子类 ChildClass。

（1）首先必须说明 ParentClass 是 ChildClass 的基类。

这是通过在 ChildClass 类中作出如下说明来完成的："public class ChildClass : ParentClass"。在派生类标识符后面，用分号"："来表明后面的标识符是基类。C#仅支持单一继承。因此，开发者只能指定一个基类。

（2）ChildClass 的功能几乎等同于 ParentClass。

因此，也可以说 ChildClass "就是" ParentClass。在 ChildClass 的 Main( )方法中，调用 print( )方法的结果，就验证这一点。该子类并没有自己的 print( )方法，它使用了 ParentClass 中的 print( )方法。这在输出结果中的第三行可以得到验证。

（3）基类在派生类初始化之前自动进行初始化。ParentClass 类的构造函数在 ChildClass 的构造函数之前执行。

继承是软件复用的一种形式。使用继承可以复用现有类的数据和行为，为其赋予新功能而创建出新类。复用节省了程序开发时间，能重用经过实践检验和调试的高质量代码，提高系统的质量。

4.4 构造函数的执行

当一个类的构造函数执行时，它会初始化类的静态成员和实例成员。如果派生类继承了父类，会看到派生类对象有一部分就是基类对象。

要创建对象的基类部分，基类的一个构造函数被作为创建实例过程的一部分被调用。

继承层次链中的每个类在执行它自己的构造函数之前执行其基类的构造函数。

当一个实例被创建时，完成的第一件事是初始化对象的所有实例成员。在此之后，基类的构造函数被调用，然后该类自己的构造函数才被执行。执行图如图 4-2 所示。

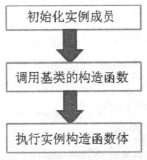

图 4-2 子类对象初始化过程

默认情况下，在对象被构造时，基类的无参数构造函数被调用。但构造函数可以被重载，所以基类可能有一个以上的构造函数。如果希望派生类使用一个指定的基类构造函数而不是无参数构造函数，必须在构造函数初始化语句中指定它。

有两种形式的构造函数初始化语句：

第一种形式使用关键字 base 并指明使用哪一个基类构造函数。

第二种形式使用关键字 this 并指明应该使用当前类的哪一个另外的构造函数。

基类构造初始化语句放在冒号后面，冒号紧跟着类的构造函数声明的参数列表。构造函数初始化语句由关键字 base 和要调用的基类构造函数的参数列表组成。

例 4-3 base 关键字。

```
namespace ch4_3
{
    public class A
    {
        public A() { }
        public A(string a) { }
    }
    public class B : A
    {
        public B()
            : base()
        { }
    }

    class Program
    {
        static void Main(string[] args)
        {
        }
    }
}
```

例 4-4 this 关键字。

```
namespace ch4_4
{
    public class Student
    {
        public string studentid;
        public string name;
        public Student(string studentid)
        {
```

```
            this.studentid = studentid;
        }
        public Student(string studentid, string name)
            : this(studentid)
        {
            this.name = name;
        }
    }
    class Program
    {
        static void Main(string[] args)
        {
        }
    }
}
```

4.5 访问修饰符

封装性是面向对象编程的特征之一。它面对用户简化了内部实现的细节,将描述客观事物的一组数据和操作组装在一起,对外提供特定的功能。这仿佛就是一个黑箱,并不需要去了解实现的细节。本节将介绍封装的用途和实现。

在生活中使用一些东西的时候,人们根本不知道它的功能到底是如何实现的,但却能用好它提供的功能。可以说,这样的东西进行了实现功能过程的封装。在计算机程序中,也有封装。它将抽象得到的数据和行为(或功能)相结合,形成了一个有机的整体,然后提供给用户。封装的目的是增强安全性和简化编程,使用者不必了解具体的实现细节,而只是通过外部接口调用功能。

将对象进行封装,并不等于将整个对象完全包裹起来,而是根据实际需要设置一定的访问权限,用户根据不同的权限调用对象提供的功能。

在 C#语言中,可以使用修饰符 public、internal、protected、private 分别修饰类的字段、属性和方法。下面通过实例来介绍类的封装性在实际中的应用。

封装性是 OOP 编程的重要特征。

将类进行封装,对外提供可访问的属性和方法。外部对象必须通过这些属性和方法访问此对象的信息。

4.5.1 类的可访问性

类的可访问性有两个级别:public 和 internal。标记为 public 的类可以被系统内任何程序集中的代码访问。标记为 internal 的类只能被它自己所在的程序集内的类看到。internal 是类的默认可访问级别，所以，只有在类的声明中显式地指定修饰符 public，程序集外部的代码才能访问该类。可以使用 internal 访问修饰符显式地声明一个类为内部的。

图 4-3 中，程序集 B 中的类 C5 的可访问性是 public，故它可以被程序集 A 中的所有类访问；程序集 B 中的类 C4 的可访问性是 internal，故它不能被程序集 A 中的类访问，只能被本程序集中的类访问。

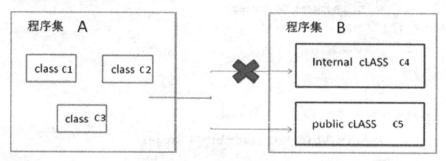

图 4-3 类的可访问性

4.5.2 类中各成员的可访问性

成员（数据成员和方法成员）的可访问性描述了类成员的可见性。声明在类中的每个成员对系统的不同部分可见，这依赖于类声明中指派给它的访问修饰符。有 5 个成员访问级别：

（1）公有的（public）；
（2）私有的（private）；
（3）受保护的（protected）；
（4）内部的（internal）；
（5）受保护内部的（protected internal）。

整个可见性结构图如图 4-4 所示。

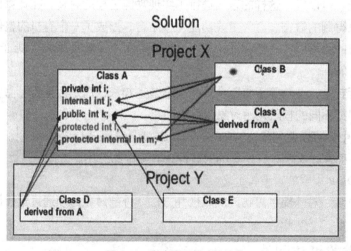

图 4-4 类中成员的可访问性

在类体中，必须对每个成员指定成员的访问级别。如果不指定某个成员的访问级别，它的隐式访问级别为 private。

成员不能比它的类更可访问。也就是说,如果一个类的可访问性限于它所在的程序集,那么类的成员个体也不能从程序集的外部看到,无论它们的访问修饰符是什么。

1. 公有成员的可访问性

public 访问级别是限制性最少的。所有的类,包括程序集内部的类和外部的类都可以自由地访问成员。

2. 私有成员的可访问性

私有成员的可访问性限制是最严格的。private 类成员只能被它自己的类的成员访问。它不能被其他的类访问,包括继承它的类。然而,private 成员能被嵌套在它的类中的成员访问。

例 4-5 类中成员的可访问性。

```
namespace ch4_5
{
    class Student
    {
        private string _name;//姓名
        public int Age;  //年龄
        public string IdNumber ;//身份证号
    }

    class Program
    {
        static void Main(string[] args)
        {
            Student obj = new Student();
            // obj._name = "张三"; //无法访问编译错误
            obj.Age = 20; //可以访问
        }
    }
}
```

3. 受保护成员的可访问性

protected 访问级别如同 private 访问级别,除了一点,它允许派生自该类的类访问该成员。

例 4-6 类中 protected 修饰符的可访问性。

```
namespace ch4_6
{
    class Point
    {
        protected int x;
        protected int y;
```

```
    }
    class DerivedPoint : Point
    {
    }
    class Program
    {
        static void Main()
        {
            DerivedPoint dp = new DerivedPoint();
            // dp.x = 10; dp.y = 15;   //此处不是在派生类中,不能访问基类
中 protected 修饰的成员
            // Console.WriteLine("x = {0}, y = {1}", dp.x, dp.y);
            Point p = new Point();
            // p.x = 20;//此处出错,因为 x 是 protected 类型,只有在派生类
中才可使用
        }
    }
}
```

例 4-7 类中 protected 修饰符的可访问性。

```
namespace ch4_7
{
    class Point
    {
        protected int x;
        protected int y;
    }
    class DerivedPoint : Point
    {
        static void Main()
        {
            DerivedPoint dp = new DerivedPoint();
            // 在派生类中直接访问基类中 protected 修饰的成员
            dp.x = 10; dp.y = 15;
            Console.WriteLine("x = {0}, y = {1}", dp.x, dp.y);
        }
    }
}
```

4. 内部成员的可访问性

标记为 internal 的成员对程序集内部的所有类可见，但对程序集外部的类不可见。

Internal 关键字举例：Internal 关键字只有在同一程序集的文件中才是可访问的。

（1）创建一个类库项目，编译为 BaseClass.dll，新建类库 BaseClass。

```
namespace BaseClass
{
    public class MyClass
    {
        internal int intM = 0;
    }
}
```

（2）新建一个项目 InternalTest。

在右边添加引用，通过浏览找到 BaseClass.dll。

在代码上方加上引用"using BaseClass;"。

```
using BaseClass;

namespace TestInternal
{
    class Program
    {
        static void Main(string[] args)
        {
            MyClass mc = new MyClass();
            mc.intM = 50;//此处出现错误，因为MyClass中的intM成员的访问修饰符是internal，只能在同一命名空间下访问
        }
    }
}
```

（3）创建一个新的类库项目，编译为 BaseClassPublic.dll，新建类库 BaseClassPublic。

```
namespace BaseClassPublic
{
    public class MyClass
    {
        public int intM = 0;
    }
}
```

（4）项目 InternalTest 中，在右边添加引用，通过浏览找到 BaseClassPublic.dll，在代码上方加上引用"using BaseClassPublic;"。

```
using BaseClassPublic;
namespace TestInternal
{
    class Program
    {
        static void Main(string[] args)
        {
            MyClass mc = new MyClass();
            mc.intM = 50;//此处不再出现错误,因为MyClass中的intM成员
的访问修饰符是public,虽然不在同一命名空间下,但是也可以访问
        }
    }
}
```

5. 受保护内部成员的可访问性

标记为 protected internal 的成员对所有继承该类的类以及所有程序集内部的类可见。

4.6 类的多态

多态性（polymorphism）是面向对象程序设计中的一个重要概念。它是指同一个消息被不同类型的对象接收时产生不同的行为。消息是指对类成员的调用，不同的行为是指调用了不同的类成员。

4.6.1 方法的重载

方法重载（function overload）是指功能相似、方法名相同但所带参数不同或返回值类型不同的一组方法。这里的"所带参数不同"既可能是参数的数据类型不同，也可能是参数的个数不同。前面已经介绍了方法的重载。虽然方法的名字都相同，但是不同的方法对应不同的处理。

4.6.2 成员的隐藏

类的继承中，派生类继承了基类的所有成员。但在实际编程中，有时需要子类拥有和父类同名、参数一致但完成功能不同的方法，从而屏蔽掉父类的方法，称这种情况为成员隐藏。成员隐藏使用关键字 new。

在派生类中，用 new 关键字声明与基类同名的方法，格式如下：

访问修饰符 new 类型 成员名;

此格式中的成员可以是字段、属性、方法等。当然，若为方法，则相应的也应该有方法体。

比如，若基类中有一方法：public void F() {…}

则在派生类中重写该方法应该为 public new void F() {…}

例 4-8 用 new 隐藏基类的字段。

```
namespace ch4_8
{
    public class MyBase
    {
        public static int x = 55;
        public static int y = 22;
    }
    public class MyDerived : MyBase
    {
        new public static int x = 100; // 利用new 隐藏基类的 x
        public static void Main()
        {
            // 打印 x:
            Console.WriteLine(x);
            //访问隐藏基类的 x:
            Console.WriteLine(MyBase.x);
            //打印不隐藏的 y:
            Console.WriteLine(y);
            Console.ReadKey();
        }
    }
}
```

输出结果为

100

55

22

在该例中，基类 MyBase 和派生类 MyDerived 使用相同的字段名 x，在派生类中用 new 隐藏了继承的字段。

例 4-9 隐藏基类的方法。

```
namespace ch4_9
{
    public class MyBase
    {
        public int x;
        public void MyVoke()
        {
            Console.WriteLine("this is the MyBase!");
        }
```

```csharp
    }
    //在派生类中用 MyVoke 名称声明成员会隐藏基类中的 MyVoke 方法，即：
    public class MyDerived : MyBase
    {
        new public void MyVoke()
        {
            Console.WriteLine("this is the MyDerived!");
        }
    }
    public class Program
    {
        public static void Main()
        {
            MyDerived m = new MyDerived();
            m.MyVoke();
            Console.ReadKey();
        }
    }
}
```

输出结果为

this is the MyDerived!

在该例中，基类 MyBase 和派生类 MyDerived 使用相同的方法名 MyVoke，在派生类中用 new 隐藏了继承的方法。

4.6.3 虚方法

当子类需要重写父类方法的时候，就需要父类的方法是虚方法。当有多个子类重写了父类方法时，就有多种实现，从而显示了多态。

比如，有个作为父类的 Person 类中用于问好的方法为 Hello，输出"你好"。现在有两个子类分别是 Student 和 Teacher（假设他们必须这样说），那 Student 问好就该说"老师好"，而 Teacher 问好就该说"同学好"，所以就需要重写了。

```csharp
class Person
{
    public virtual void Hello()
    {
        Console.WriteLine("你好");
    }
}
```

```
class Student :Person
{
    public override void Hello()
    {
        Console.WriteLine("老师好");
    }
}
class Teacher: Person
{
    public override void Hello()
    {
        Console.WriteLine("同学好");
    }
}
```

虚方法在基类中的声明格式：

public virtual 方法名称（参数列表）{方法体}

在派生类中的声明格式：

public override 方法名称（参数列表）{方法体}

其中，基类与派生类中的方法名称与参数列必须完全一致。

当类中的方法声明前加上了 virtual 修饰符时，称此方法为虚方法；反之，为非虚方法。使用了 virtual 修饰符后，不允许再有 static、abstract 或 override 修饰符。对于非虚的方法，无论被其所在类的实例调用还是被这个类的派生类的实例调用，方法的执行方式不变；而对于虚方法，它的执行方式可以被派生类改变，这种改变是通过方法的重载来实现的。

例 4-10 虚方法。

```
namespace ch4_10
{
    class MyBase
    {
        public void F()
        {
            Console.WriteLine("MyBase.F");
        }
        public virtual void G()
        {
            Console.WriteLine("MyBase.G");
        }
    }
    class MyDerived : MyBase
```

```
    {
        new public void F()
        {
            Console.WriteLine("MyDerived.F");
        }
        public override void G()
        {
            Console.WriteLine("MyDerived.G");
        }
    }
    class Program
    {
        static void Main()
        {
            MyDerived b = new MyDerived();
            MyBase a = b;
            a.F();
            b.F();
            a.G();
            b.G();
            Console.ReadKey();
        }
    }
}
```

输出结果：

MyBase.F

MyDerived.F

MyDerived.G

MyDerived.G

例子中，MyBase 类提供了两个方法：非虚的 F 和虚方法 G，类 MyDerived 则提供了一个新的非虚的方法 F，从而覆盖了继承的 F；类 MyDerived 同时还重载了继承的方法 G。

注意到本例中，方法 MyBase.G()实际调用了 MyDerived.G，而不是 MyBase.G。这是因为编译时值为 MyBase，但运行时值为 MyDerived，所以 MyDerived 完成了对方法的实际调用。

4.6.4 base 关键字

前面说明了如何利用多态的特性在子类中重载基类方法，完全替换基类中的功能。不过，这有点极端——有时重写方法是为了扩展基本功能，而不是替代原来的功能。

为此，需要像上面那样使用 override 关键字重载方法。但是在新的实现代码中，仍然调用方法的原始实现代码。这样就可以在调用原始实现代码的前后添加自己的代码——在扩展功能的同时，仍利用基类中的代码。

为了直接从基类中调用方法，可以使用 base 关键字。这个关键字可以在任何类中使用。它提供了基类中的所有方法，以供使用。

例 4-11 使用 base 关键字扩展基本功能。

```csharp
namespace ch4_11
{
    public class Person
    {
        protected string strid = "422801010101111";
        protected string strname = "张三";
        public virtual void GetInfo()
        {
            Console.WriteLine("姓名：{0}", strname);
            Console.WriteLine("身份证号：{0}", strid);
        }
    }
    class Student : Person
    {
        public string sno = "1308001";
        public override void GetInfo()
        {
            // 调用基类的 GetInfo 方法：
            base.GetInfo();
            Console.WriteLine("学号：{0}", sno);
        }
    }
    class Program
    {
        public static void Main()
        {
            Student s = new Student();
            s.GetInfo();
            Console.ReadKey();
        }
    }
}
```

base 关键字用于从派生类中访问基类的成员：调用基类上已被其他方法重写的方法；指定创建派生类实例时应调用的基类构造函数。基类访问只能在构造函数、实例方法或实例属性访问器中进行。从静态方法中使用 base 关键字是错误的。

4.7 密封类

前面介绍了类的继承，想想看：如果所有的类都可以被继承，滥用继承会带来什么后果？类的层次结构体系将变得十分庞大，类之间的关系杂乱无章，对类的理解和使用都会变得十分困难。有时候开发者并不希望自己编写的类被继承，另一些时候，有的类已经没有再被继承的必要，所以，C#提出了一个密封类的概念，帮助开发人员来解决这一问题。

密封类在声明中使用 sealed 修饰符，这样就可以防止该类被其他类继承。

例 4-12 密封类。

```
namespace ch4_12
{
    abstract class A
    {
        public abstract void F();
    }
    sealed class B : A
    {
        public override void F()
        {
            // F 的具体实现代码
        }
    }

    class Program
    {
        static void Main(string[] args)
        {
        }
    }
}
```

如果尝试写下面的代码：

```
class C: B{ }
```

C#会指出这个错误，告诉开发者 B 是一个密封类，不能试图从 B 中派生任何类。

密封方法的概念，以防止方法所在类的派生类中对该方法的重载，对方法可以使用 sealed 修饰符，这时称该方法是一个密封方法。

不是类的每个成员方法都可以作为密封方法。密封方法必须是对基类的虚方法进行重载，提供具体的实现方法。所以在方法的声明中，sealed 修饰符总是和 override 修饰符同时使用。

例 4-13 密封方法。

```
namespace ch4_13
{
    class A
    {
        public virtual void F()
        {
            Console.WriteLine("A.F");
        }
        public virtual void G()
        {
            Console.WriteLine("A.G");
        }
    }
    class B : A
    {
        sealed override public void F()
        {
            Console.WriteLine("B.F");
        }
        override public void G()
        {
            Console.WriteLine("B.G");
        }
    }
    class C : B
    {
        override public void G()
        {
            Console.WriteLine("C.G");
        }
    }
    class Program
    {
        static void Main(string[] args)
        {
```

            }
        }
    }

分析：类 B 对基类 A 中的两个虚方法均进行了重载，其中 F 方法使用了 sealed 修饰符成为一个密封方法，G 方法不是密封方法。所以，在 B 的派生类 C 中可以重载方法 G，但不能重载方法 F。

4.8 抽象类

在面向对象的概念中，所有的对象都是通过类来描绘的。但是反过来，并不是所有的类都是用来描绘对象的。如果一个类中没有包含足够的信息来描绘一个具体的对象，这样的类就是抽象类。

抽象类往往用来表征对问题领域进行分析、设计得出的抽象概念，是对一系列看上去不同但本质上相同的具体概念的抽象。

比如，在一个图形编辑软件的分析设计过程中，会发现问题领域存在着圆、三角形这样一些具体概念。它们是不同的，但是它们又都属于形状这样一个概念。形状这个概念在问题领域并不是直接存在的，它就是一个抽象概念。而正是因为抽象的概念在问题领域没有对应的具体概念，所以用以表征抽象概念的抽象类是不能实例化的。

C#中的抽象类具有以下特性：

（1）抽象类不能实例化。

（2）抽象类可以包含抽象方法和抽象访问器。

（3）不能用 sealed 修饰符修饰抽象类，因为这两个修饰符的含义是相反的。采用 sealed 修饰符的类无法继承，而 abstract 修饰符要求对类进行继承。

（4）从抽象类派生的非抽象类必须包括继承的所有抽象方法和抽象访问器的实际实现。

（5）抽象类是指基类的定义中声明不包含实现代码的方法，实际上就是一个不具有任何具体功能的方法。这样的方法，唯一作用就是让派生类重写。

（6）在基类定义中，只要类体中包含一个抽象方法，该类即为抽象类。在抽象类中也可以声明一般的虚方法。

声明抽象类与抽象方法均使用关键字 abstract。其基本格式为

```
public abstract 类名
{
    public abstract 返回类型 方法名称(参数列表);
    ...
}
```

抽象方法声明时没有方法体，只有方法签名，后跟一个分号。

重写抽象方法的格式为

public override 返回类型 方法名称(参数列表){ 方法体 }

其中，方法名称和参数列表必须与抽象类中的抽象方法完全一致。

例4-14 抽象类与抽象方法的定义与重写。

```csharp
namespace ch4_14
{
    ///定义抽象类
    abstract public class Animal
    {
        //定义字段
        protected int _id;
        //定义属性,在抽象方法声明中不能使用static或virtual修饰符
        public abstract int Id
        {
            get;
            set;
        }
        //定义方法
        public abstract void Eat();
    }
    ///实现抽象类
    public class Dog : Animal
    {
        public override int Id
        {
            get
            {
                return _id;
            }
            set
            {
                _id = value;
            }
        }
        public override void Eat()
        {
            Console.WriteLine("Dog Eats.");
        }
    }
    class Program
    {
```

```
        static void Main(string[] args)
        {
        }
    }
}
```

在面向对象方法中，抽象类主要用来进行类型隐藏。构造出一个固定的一组行为的抽象描述，但是这组行为却能有任意个可能的具体实现方式。这个抽象描述就是抽象类，而这一组任意个可能的具体实现，则表现为所有可能的派生类。模块可以操作一个抽象体。由于模块依赖于一个固定的抽象体，因此它可以是不允许修改的；同时，通过从这个抽象体派生，也可扩展此模块的行为功能。为了能够实现面向对象设计的一个最核心的原则 OCP（Open-Closed Principle），抽象类是其中的关键所在。

4.9 接口

在软件开发过程中，有时开发者编写的程序需要提供给外部商家进行二次开发或者其他服务，但开发者又不希望他们看见程序的内部细节。在此情况下，开发者可以把产品做成组件，用接口描述组件对外提供的服务。组件和组件之间、组件和客户之间都通过接口进行交互。所以，接口在软件设计过程中还是一个很重要的知识。

接口用来定义一种程序的协定。实现接口的类与接口的定义严格一致。接口可以包含方法、属性、事件和索引器。接口不可以包括字段，接口本身不提供它所定义的成员的实现。接口只指定实现该接口的类或接口必须提供的成员。所以，接口不能被实例化。

定义接口使用的关键字为 interface。其一般形式为

```
[修饰符] interface 接口名称[:基接口列表]
{
    接口体成员列表
}
```

其中，允许使用的修饰符有 public、protected、internal、 private。修饰符定义了对接口的访问权限。

C#中，类的继承只可以是一个，即子类只能派生于一个父类。而有时，开发者必须继承多个类的特性。为了实现多重继承，必须使用接口技术。下面对接口的多重继承进行介绍。

例 4-15 对接口的多重继承。

```
namespace ch4_15
{
    //定义一个描述点的接口
    interface IPoint
    {
        int x
        {
```

```csharp
            get;
            set;
        }
        int y
        {
            get;
            set;
        }
    }
    interface IPoint2
    {
        int y
        {
            get;
            set;
        }
    }
    //在 point 中继承了两个父类接口，并分别使用了两个父类接口的方法
    class Point : IPoint, IPoint2
    {
        //定义两个类内部访问的私有成员变量
        private int pX;
        private int pY;
        public Point(int x, int y)
        {
            pX = x;
            pY = y;
        }
        //定义的属性，IPoint 接口方法实现
        public int x
        {
            get
            { return pX; }
            set
            { pX = value; }
        }
        //IPoint1 接口方法实现
        public int y
```

```
        {
            get
            { return pY; }
            set
            { pY = value; }
        }
    }
    class Program
    {
        private static void OutPut(IPoint p)
        {
            Console.WriteLine("x={0},y={1}", p.x, p.y);
        }
        public static void Main()
        {
            Point p = new Point(15, 30);
            Console.Write("The New Point is:");
            OutPut(p);
            string myName = Console.ReadLine();
            Console.Write("my name is {0}", myName);
        }
    }
}
```

（1）接口用于描述一组类的公共方法/公共属性。它不实现任何的方法或属性，只是告诉继承它的类至少要实现哪些功能，继承它的类可以增加自己的方法。

（2）使用接口可以使继承它的类命名统一/规范，易于维护。

比如，两个类"狗"和"猫"，如果它们都继承了接口"动物"，其中动物里面有个方法Behavior()，那么狗和猫必须实现Behavior()方法，并且都命名为Behavior，这样就不会出现命名太杂乱的现象。如果命名不是Behavior()，接口会约束，即不按接口约束命名编译不会通过。

例4-16 接口的使用。

```
namespace ch4_16
{
    //公共接口:"动物"
    public interface IAnimal
    {
        void Behavior();//行为方法，描述各种动物的特性
    }
    //类：狗
```

```csharp
    public class Dog : IAnimal
    {
        string ActiveTime = "白天";
        public void Behavior()
        {
            Console.Write("我晚上睡觉,白天活动");
        }
    }
    //类:猫
    public class Cat : IAnimal
    {
        string ActiveTime = "夜晚";
        public void Behavior()
        {
            Console.Write("我白天睡觉,晚上活动");
        }
    }
    //简单的应用:
    public class Program
    {
        public static void Main()
        {
            Dog myDog = new Dog();
            myDog.Behavior();    //输出："我晚上睡觉, 白天活动"
            Cat myCat = new Cat();
            myCat.Behavior();    //输出："我白天睡觉, 晚上活动"
            Console.ReadKey();
        }
    }
}
```

以上调用不同的类的同名方法，会输出不同的内容。也就是说，每个类里面的同名方法完成的功能可以是完全不同的。更进一步，不是用上面 Main 方法这样一个一个调用类的方法，而是用多态性实现其调用。

例 4-17 用多态性实现调用。

```csharp
namespace ch4_17
{
    //公共接口:"动物"
    public interface IAnimal
```

```csharp
    void Behavior(); //行为方法，描述各种动物的特性
}
//类：狗
public class Dog : IAnimal
{
    string ActiveTime = "白天";
    public void Behavior()
    {
        Console.WriteLine("我晚上睡觉，白天活动");
    }
}
//类：猫
public class Cat : IAnimal
{
    string ActiveTime = "夜晚";
    public void Behavior()
    {
        Console.WriteLine("我白天睡觉，晚上活动");
    }
}
//简单的应用：
public class Program
{
    static void Behavior(IAnimal myIanimal)
    {
        myIanimal.Behavior();
    }
    public static void Main()
    {
        Dog myDog = new Dog();
        Behavior(myDog);    //输出："我晚上睡觉，白天活动"
        Cat myCat = new Cat();
        Behavior(myCat);    //输出："我白天睡觉，晚上活动"
        Console.ReadKey();
    }
}
```

（3）提供永远的接口。当类增加时，现有接口方法能够满足继承类中的大多数方法，没必要重新给新类设计一组方法，也节省了代码，提高了开发效率。

例4-18 再增加一个"龟"类。

```
namespace ch4_18
{
    //公共接口："动物"
    public interface IAnimal
    {
        void Behavior();  //行为方法，描述各种动物的特性
    }
    //类：狗
    public class Dog : IAnimal
    {
        string ActiveTime = "白天";
        public void Behavior()
        {
            Console.WriteLine("我晚上睡觉，白天活动");
        }
    }
    //类：猫
    public class Cat : IAnimal
    {
        string ActiveTime = "夜晚";
        public void Behavior()
        {
            Console.WriteLine("我白天睡觉，晚上活动");
        }
    }

    //类：龟
    public class Tortoise : IAnimal
    {
        string ActiveTime = "很难说";
        public void Behavior()
        {
            Console.WriteLine("我可以不活动，一睡就睡五千年！");
        }
    }
```

```csharp
//简单的应用:
public class Program
{
    static void Behavior(IAnimal myIanimal)
    {
        myIanimal.Behavior();
    }
    public static void Main()
    {
        Dog myDog = new Dog();
        Behavior(myDog);    //输出: "我晚上睡觉,白天活动"
        Cat myCat = new Cat();
        Behavior(myCat);    //输出: "我白天睡觉,晚上活动"
        Tortoise myTortoise = new Tortoise();
        Behavior(myTortoise);    //输出: "我白天睡觉,晚上活动"
        Console.ReadKey();
    }
}
```

那么也可以调用上面多态方法,所以说,接口使方法具有较好的扩展性。

抽象类与接口紧密相关。然而,接口又比抽象类更抽象。这主要体现在它们的差别上。

抽象类表示该类中可能已经有一些方法的具体定义,但是接口就仅仅只能定义各个方法的界面(方法名,参数列表,返回类型),并不关心具体细节。

类可以实现无限个接口,但仅能从一个抽象(或任何其他类型)类继承,从抽象类派生的类仍可实现接口,从而得出接口是用来解决多重继承问题的。

抽象类中可以存在非抽象的方法,可接口不能,且它里面的方法只是一个声明,必须用 public 来修饰没有具体实现的方法。

抽象类中的成员变量可以被不同的修饰符来修饰,可接口中的成员变量默认的都是静态常量(static final)。

抽象类是对象的抽象,而接口是一种行为规范。

抽象类里面可以有非抽象方法,但接口里只能有抽象方法,声明方法的存在而不去实现。它的类被叫做抽象类(abstract class)。它用于要创建一个体现某些基本行为的类,并为该类声明方法,但不能在该类中实现该类的情况。不能创建 abstract 类的实例。然而,可以创建一个变量,其类型是一个抽象类,并让它指向具体子类的一个实例。不能有抽象构造函数或抽象静态方法。abstract 类的子类为它们父类中的所有抽象方法提供了实现,否则,如果子类中对父类的抽象方法中还有一个未实现的话,该子类也是抽象类。取而代之,在子类中实现该方法。直到其行为的其他类可以在类中实现这些方法。接口(interface)是抽象类的变体。在接口中，所有方法都是抽象的。多继承性可通过实现这样的接口而获得。接口中的所有方法都是抽象的，没有一个有程序体。

4.10 委托与事件

4.10.1 委托

委托是 C# 中的一种引用类型，主要用于 .NET Framework 中的事件处理程序和回调函数。一个委托可以看作一个特殊的类，因而它的定义可以像常规类一样放在同样的位置。与其他类一样，委托必须先定义，再实例化。

委托派生于基类 System.Delegate，不过委托的定义和常规类的定义方法不太一样。委托的定义通过关键字 delegate 定义，public delegate int myDelegate(int x,int y);

代码定义了一个新委托，它可以封装任何返回为 int.带有两个 int.类型参数的方法。该委托能够代表那些返回值为 int、输入参数为 2 个 int 的方法。

如下面的 2 个方法：

public int sub(int x,int y){return x+y;}

public int fub(int x,int y){return x-y;}

可通过以下步骤使用定义的委托。

步骤 1：定义方法：

public int sub(int x,int y){ return x+y;}

步骤 2：实例委托实例：

myDelegate cal=new myDelegate(sub);

步骤 3：可以直接使用 cal 调用 sub 方法：

cal (10,3);

用 cal 调用与直接调用 sub 方法是等价的：

cal (10,3);等价于 sub (10,3);

委托可以使用 + 运算符号将多个委托组合在一起，或使用 - 运算符号从组合委托中减去一个委托。

例 4-19 委托举例。

```
namespace ch4_19
{
    //定义委托
    public delegate int myDelegate(int x,int y);

    class MyClass
    {
      public int fub(int x,int y)
      {
          Console.WriteLine(x - y);
```

```
        return x-y;
    }
    public int sub(int x, int y)
    {
        Console.WriteLine(x + y);
        return x+y;
    }
}
class Program
{
    static void Main(string[] args)
    {
        MyClass mc=new MyClass();
        myDelegate myd=new myDelegate(mc.fub); //再定义一个委托实例
        myd(10,3);      //利用委托实例调用 fub 方法
        myDelegate cal = new myDelegate(mc.sub);
        myDelegate zong = cal + myd; //定义委托
        zong(10,3);       //此时再调用
        Console.ReadKey();
    }
}
```

此时输出：

13

7

例 4-20 委托举例。

```
namespace ch4_20
{
    // 声明一个委托 MyDelegate
    public delegate void MyDelegate(string str);

    public class C
    {
        public static void M1(string str)
        {
            Console.WriteLine("From:C.M1:  {0}", str);
        }
```

```csharp
        public static void M2(string str)
        {
            Console.WriteLine("From:C.M2:   {0}", str);
        }

        public void M3(string str)
        {
            Console.WriteLine("From:C.M3:   {0}", str);
        }
    }

    public class C1
    {
        public static void P1(string str)
        {
            Console.WriteLine("From:C1.P1:   {0}", str);
        }
    }

    public class C2
    {
        public void P1(string str)
        {
            Console.WriteLine("From:C2.P1:   {0}", str);
        }
    }
    class Program
    {
        static void Main(string[] args)
        {
            // 创建一个委托实例，封装C类的静态方法M1
            MyDelegate d1 = new MyDelegate(C.M1);
            d1("D1"); // M1

            // 创建一个委托实例，封装C类的静态方法M2
            MyDelegate d2 = new MyDelegate(C.M2);
            d2("D2"); // M2
```

```csharp
        // 创建一个委托实例，封装C类的实例方法M3
        MyDelegate d3 = new MyDelegate(new C().M3);
        d3("D3"); // M3

        // 从一个委托d3创建一个委托实例
        MyDelegate d4 = new MyDelegate(d3);
        d4("D4"); // M3

        // 组合两个委托
        MyDelegate d5 = d1 + d2;
        d5 += d3;
        d5("D5"); // M1,M2,M3

        // 从组合委托中删除d3
        MyDelegate d6 = d5 - d3;
        d6("D6"); // M1,M2
        d6 -= d3; // 虽然d6调用列表中已经没有d3了，但这样只是不可能的移除，没有错误发生
        d6("D6"); // M1,M2
        d6 -= d6;
        d6("D6"); //此时d6的调用列表为空，d6为null，所以引发System.NullReferenceException

        MyDelegate d7 = new MyDelegate(C1.P1);
        d7("D7"); // C1.P1

        MyDelegate d8 = new MyDelegate(new C2().P1);
        d8("D8"); // C2.P1
    }
  }
}
```

4.10.2 事件

事件就是当对象或类状态发生改变时，对象或类发出的信息或通知。发出信息的对象或类称为"事件源"，对事件进行处理的方法称为"接收者"。通常，事件源在发出状态改变信息时，它并不知道由哪个事件接收者来处理。这就需要一种管理机制来协调事件源和接收者。C++中是通过函数指针来完成的。在C#中，事件使用委托为触发时将调用的方法提供类型安全的封装事件的声明。

1. 声明一个委托

public delegate void EventHandler(object sender, System.EventArgs e);

2. 声明一个事件

public event EventHandler Changed;

3. 引发一个事件

```
public OnChanged(EnventArgs e)
{
  if ( Changed != null)
  {
    Changed(this,e);
  }
}
```

4. 定义事件处理程序

public MyText_OnChanged(Object sender,EventArgs e)

5. 订阅事件（将事件处理程序添加到事件的调用列表中）

myText.Changed += EventHandler(MyText_OnChanged);

例 4-21 事件机制。

```
namespace ch4_21
{
    public class MyText
    {
        private string _text = "";
        // 定义事件的委托
        public delegate void ChangedEventHandler(object sender, EventArgs e);
        // 定义一个事件
        public event ChangedEventHandler Changed;
        // 用以触发 Change 事件
        protected virtual void OnChanged(EventArgs e)
        {
            if (this.Changed != null)
                this.Changed(this, e);
        }
        // Text 属性
        public string Text
        {
            get { return this._text; }
```

```csharp
            set
            {
                this._text = value;
                // 文本改变时触发 Change 事件
                this.OnChanged(new EventArgs());
            }
        }
    }
    class Program
    {
        static void Main(string[] args)
        {
            MyText myText = new MyText();
            // 将事件处理程序添加到事件的调用列表中（事件布线）
            myText.Changed += new 
 MyText.ChangedEventHandler(myText_Changed);
            string str = "";
            while (str != "quit")
            {
                Console.WriteLine("please enter a string:");
                str = Console.ReadLine();
                myText.Text = str;
            }
        }
        // 对 Change 事件处理的程序
        private static void myText_Changed(object sender, EventArgs e)
        {
            Console.WriteLine("text has been changed : {0} \n",
((MyText)sender).Text);
        }
    }
}
```

4.11 案例解决

（1）在父类客车类 Passtrain 中定义了 Showinfo 方法。

```csharp
class Passtrain
{
```

```csharp
    //显示自身信息
    public void Showinfo()
    {
        System.Console.WriteLine("我是客车");
        System.Console.WriteLine("我的车牌号是:{0}", plate);
        System.Console.WriteLine("我的重量是:{0}", Weight);
        System.Console.WriteLine("我的载客量是:{0}", Passengers);
    }
}
```

（2）在子类出租车类 Taxi 中希望隐藏基类的 Showinfo 方法，显示自己出租车的信息：我是出租车、我的车牌号、我的重量、我的载客量、每千米的价格。

使用 new 隐藏基类 Showinfo 方法。

```csharp
//出租车类的定义,继承了交通工具类
class Taxi : Passtrain
{
    //字段
    private string price;
    //属性
    public string Price
    {
        get { return price; }
        set { price = value; }
    }
    //方法--------------------------------
    //显示出租车自身信息
    public new void Showinfo()
    {
        System.Console.WriteLine("我是出租车");
        System.Console.WriteLine("我的车牌号是:{0}", plate);
        System.Console.WriteLine("我的重量是:{0}", Weight);
        System.Console.WriteLine("我的载客量是:{0}", Passengers);
        System.Console.WriteLine("每千米的价格是:" + Price);
    }
}
```

（3）建立虚方法 Speak，使得各种类型的车能正确发出自己的喇叭声。

首先，在客车类中定义一个发声[喇叭]的方法。

```csharp
class Passtrain   //类名为 Passtrain （客车）
{
```

```csharp
    public virtual void Speak( )
    {
        Console.WriteLine ("我是客车,我的喇叭声是嘟嘟!");
    }
}
```

(4)定义一个继承于客车类的出租车类,并重写虚方法。

```csharp
class Taxis:Passtrain   //继承于客车类的出租车类
{
    public override void Speak( )
    {
        Console.WriteLine ("我是出租车,我的喇叭声是嘀嘀! ");
    }
}
```

(5)定义一个继承于客车类的中巴车类,并重写虚方法。

```csharp
class Bus:Passtrain    //继承于客车类的中巴车类
{
    public override void Speak( )
    {
        Console.WriteLine ("我是中巴车,我的喇叭声是哒哒!");
    }
}
```

测试代码:

```csharp
class Test
{
    static void Main()
    {
        Passtrain pss = new Passtrain();
        pss.Speak();
        Taxis tas = new Taxis();
        tas.Speak();
        pss = tas;
        pss.Speak();
        Bus bus = new Bus();
        bus.Speak();
        pss = bus;
        pss.Speak();
    }
}
```

（6）在前面用到的交通工具继承体系中，具体类型的车可以有喇叭声。但是对于顶层设计的类，如交通工具类或者说机动车类，可能就没有具体的发声内容，因为它是抽象的。故定义一个交通工具的抽象类。

```csharp
public abstract class Transport
{
    //保存交通工具类型，1：水；2：陆；3：空
    protected int type;
    //构造函数
    public Transport() { type = 2; }
    public Transport(int ty) { type = ty; }
    //声明发声的抽象方法
    public abstract void Speak();
}
```

在 Transport（交通工具）抽象类中声明了一个 Speak 抽象方法。该方法没有提供任何功能，即没有方法体和方法体中的代码，同时使用了关键字 abstract，所以 Speak 为抽象方法。

（7）重写父类抽象方法。

```csharp
class Passtrain: Transport   //从 Transport 继承的 Passtrain 类
{
    //重写父类的抽象方法——发声方法
    public override void Speak( )
    {
        Console.WriteLine ("我是客车，我的喇叭声是嘟嘟！");
    }
}
```

（8）定义一个客车类的接口，该接口向外提供一个此车重量、车牌号的接口和一个输出车相关信息方法的接口。

```csharp
interface IPasstrain
{
    int Weight { get;set;}
    string Plate { get;set;}
    void Showinfo();
}
```

（9）实现接口 IPasstrain。

```csharp
class Passtrain:IPasstrain   //类名为 Passtrain（客车）
{
    //以下实现接口中的 Weight 属性
        public  int Weight
        {
```

```csharp
        get { return weight ;} //提供对weight的读权限
        set { weight = value ;} //提供对weight的写权限
    }
    //以下实现接口中的Plate属性
    public string Plate
    {
        get { return plate ;} //提供对plate的读权限
        set { plate = value ;} //提供对plate的写权限
    }
    //以下实现接口中的Showinfo方法
    public void Showinfo( )
    {
        System.Console.WriteLine ("我是客车");
        System.Console.WriteLine ("我的重量是:"+ Weight);
    }
}
```

测试代码:

```csharp
class Test
{
   static void Main()
   {
      IPasstrain p = new Passtrain();
      p.Weight = 1000;
      p.Showinfo();
   }
}
```

(10) 当客车速度超过设定时速时,触发相应事件,从而警示驾驶员客车超速。

```csharp
class Passtrain   //类名为Passtrain (客车)
{
    public static float SMAX = 100;  //静态公有字段,最大时速
    private float nowv;      //客车的当前时速字段
    // 定义事件的委托
    public delegate void ChangedEventHandler(object sender,
                             EventArgs e);
    // 定义一个事件
    public event ChangedEventHandler Changed;
    // 用以触发Change事件
    protected virtual void OnChanged(EventArgs e)
```

```
            {
              if (this.Changed != null)  this.Changed(this, e);
            }
        //客车的当前时速属性
        public float Nowv
        {
           get { return nowv;}
           set {  nowv = value;
              // 时速改变时触发 Change 事件
              this.OnChanged(new EventArgs());
                }
          }
    }

    class Program
    {
       static void Main(string[] args)
       {
          Passtrain  pss = new Passtrain ();
          // 将事件处理程序添加到事件的调用列表中（事件布线）
          pss.Changed += new Passtrain .ChangedEventHandler(NowV_Changed);
          //设置属性值，触发相应的事件
          pss.Nowv = 80;
          pss.Nowv = 120;
          Console.Read();
       }
       // 对 Change 事件处理的程序
       private static void NowV_Changed (object sender, EventArgs e){
          if(((Passtrain)sender).Nowv< Passtrain.SMAX)
                            Console.WriteLine("客车时速在正常范围内! ");
          else
                 Console.WriteLine("客车时速太大，危险!");
       }
    }
```

客车类 Passtrain 中定义了一个事件，该事件在客车时速修改时触发。同时，为该事件编制了实现代码，当时速小于客车的最大时速时显示在正常范围内，否则显示时速太快、危险，给驾驶员以警示作用。

综合代码：

```csharp
namespace PasstrainProCh4
{
    public abstract class Transport
    {
        //保存交通工具类型，1：水；2：陆；3：空
        protected int type;
        //构造函数
        public Transport() { type = 2; }
        public Transport(int ty) { type = ty; }
        //声明发声的抽象方法
        public abstract void Speak();
    }

    interface IPasstrain
    {
        int Weight { get; set; }
        string Plate { get; set; }
        void Showinfo();
    }

    class Passtrain : Transport, IPasstrain
    {

        //字段 ----------------------------------------
        private int weight;          //此车的重量
        private int passengers;      //私有成员，标准容纳乘客数
        public int wheels;           //公有成员，该客车的轮子数
        public string plate;         //公有成员，车牌号

        //以下实现接口中的Weight属性
        public int Weight
        {
            get { return weight; }   //提供对weight的读权限
            set { weight = value; }  //提供对weight的写权限
        }
        //以下实现接口中的Plate属性
        public string Plate
        {
```

```csharp
    get { return plate; } //提供对plate的读权限
    set { plate = value; } //提供对plate的写权限
}
//以下实现接口中的Showinfo方法
public void Showinfo()
{
    System.Console.WriteLine("我是客车");
    System.Console.WriteLine("我的重量是:" + Weight);
}

//属性------------------------------------------
public int Passengers
{
    get { return passengers; }
    set { passengers = value; }
}

//构造函数---------------------------------------
//带参数的构造函数
public Passtrain(int we, int p, int wh, string sp)
{
    weight = we;
    wheels = wh;
    passengers = p;
    plate = sp;
    Console.WriteLine("客车类的有参构造函数被调用");
}

//不带参数构造函数
public Passtrain()
{
    weight = 100;
    passengers = 20;
    wheels = 4;
    plate = "000000";
    Console.WriteLine("客车类的无参构造函数被调用");
}
```

```csharp
//重写父类的抽象方法——发声方法
public override void Speak( )
{
        Console.WriteLine ("我是客车, 我的喇叭声是嘟嘟! ");
}

public static float SMAX = 100;  //静态公有字段, 最大时速
private float nowv;       //客车的当前时速字段
// 定义事件的委托
public delegate void ChangedEventHandler(object sender,
                        EventArgs e);
// 定义一个事件
public event ChangedEventHandler Changed;
// 用以触发Change事件
protected virtual void OnChanged(EventArgs e)
{
    if (this.Changed != null) this.Changed(this, e);
}
//客车的当前时速属性
public float Nowv
{
    get { return nowv; }
    set
    {
        nowv = value;
        // 时速改变时触发Change事件
        this.OnChanged(new EventArgs());
    }
}
}

//出租车类的定义, 继承了交通工具类
class Taxi : Passtrain
{
    //字段
    private string price;

    //属性
```

```csharp
    public string Price
    {
        get { return price; }
        set { price = value; }
    }

    //方法----------------------------------
    //显示出租车自身信息
    public new void Showinfo()
    {
        System.Console.WriteLine("我是出租车");
        System.Console.WriteLine("我的车牌号是:{0}", plate);
        System.Console.WriteLine("我的重量是:{0}", Weight);
        System.Console.WriteLine("我的载客量是:{0}", Passengers);
        System.Console.WriteLine("每千米的价格是:" + Price);

    }

    //演示子类中的方法,父类的对象无法调用,引出虚方法的例子
    public void NewMethod()
    {
        Console.WriteLine("出租车的新方法");
    }

    //重写虚方法
    public override void Speak()
    {
        Console.WriteLine("我是出租车,我的喇叭声是嘀嘀!");
    }

}
class Program
{
    static void Main(string[] args)
    {
        Passtrain pss = new Passtrain();
        // 将事件处理程序添加到事件的调用列表(事件布线)
        pss.Changed += new
```

```
            Passtrain.ChangedEventHandler(NowV_Changed);
            //设置属性值，触发相应的事件
            pss.Nowv = 80;
            pss.Nowv = 120;
            Console.Read();
        }

        // 对 Change 事件处理的程序
        private static void NowV_Changed(object sender, EventArgs e)
        {
            if (((Passtrain)sender).Nowv < Passtrain.SMAX)
                Console.WriteLine("客车时速在正常范围内！");
            else
                Console.WriteLine("客车时速太大，危险！");
        }
    }
}
```

本章小结

本章通过对客车案例的逐步深入，引入了面向对象思想的三大核心要素，即继承、封装与多态。通过实际的例子对面向对象中类的继承、封装中的访问修饰符、类中多态等知识进行了详细介绍，对面向对象的高级特性密封类的作用、密封方法的定义、抽象类的作用和定义、抽象方法的定义和重写、类的接口的作用、委托与事件等内容进行了进一步阐述。

习题

1. 定义一个动物接口 IAnimal，在该接口中声明一个吃 eating 的方法，定义一个抽象类鸟类 Bird，继承动物接口，定义一个抽象方法 flying 飞，定义一个小鸡类，继承鸟类，添加新的特性翅膀数目信息。

2. 多层次抽象类的例子，包含三层关系：抽象类 A，抽象类 B 继承抽象类 A，类 C 继承抽象类 B。

在抽象类 A 中，
（1）定义一个普通公有成员 x，整型；
（2）定义一个构造方法，在该构造方法中对成员 x 传值进来；
（3）定义一个抽象方法 fun1( )，返回类型为 int。

在抽象类 B 中，
（1）定义一个构造方法，调用基类构造函数，对成员 x 传值进来；

（2）增加了一个抽象方法 fun2（），返回值类型为 int；

（3）定义抽象 int 类型属性 px，可读可写；定义抽象 int 类型属性 py，只读。

在类 C 中，

（1）定义一个构造方法，从外界传进 2 个参数 x，y；

（2）实现抽象方法 fun1，其功能是将从构造方法中传进去的 2 数相乘的结果返回；实现抽象方法 fun2，其功能是将从构造方法中传进去的 2 数相除的结果返回；

（3）实现抽象属性 px，在访问器中获得 x 的值加上 10 返回，抽象属性 py，在访问器中获得 y 减去 10 的值。

第 5 章 Windows 应用程序

【本章学习目标】

本章主要讲解 Windows 程序的基本结构、窗体、属性和事件，Windows 程序常用控件以及这些控件的使用方法等内容。通过本章学习，读者应该掌握以下内容：
- 理解 Windows 程序的基本结构；
- 掌握常用控件的使用方法、菜单工具条的添加和编辑；
- 掌握 MDI 及窗体跳转的实现。

5.1 Windows 程序的基本结构

在典型的 Windows 应用程序中，由于有了图形用户界面，操作系统启动之后的几乎所有操作都是为响应用户操作（如移动鼠标、选择菜单选项或键入某些文本）而发生的。这些操作触发"事件"，然后调用应用程序中称为"事件处理程序"的特殊方法。Windows 程序所执行的几乎任何操作都是由事件处理程序启动的。未生成任何事件时，程序将只保持现有状态，不执行任何操作。

Visual Studio .NET 集成开发环境是围绕.NET Framework 构建的。该框架提供了一个有条理、面向对象、可扩展的类集，它使用户得以开发丰富的 Windows 应用程序。通过使用 Windows "窗体设计器"来设计窗体，用户就可以着手创建传统的 Windows 应用程序和客户机/服务器应用程序。用户可对窗体指定某些特性并在其上放置控件，然后编写代码以增加控件和窗体的功能，还可以从其他窗体中继承。

对于 Windows 程序开发，就像普通的终端程序一样，用户可以在普通的文本编辑器（如记事本程序）中手动创建、调用.NET 方法和类，然后在命令行编译应用程序，并分发产生的可执行程序。而最普遍的 Windows 应用程序开发方法是使用 Visual Studio .NET。使用 Visual Studio .NET 创建 Windows 应用程序，实质上创建的是与手动创建的应用程序相同的应用程序。但是，Visual Studio .NET 提供的工具使应用程序的开发更快、更容易和更可靠。这些工具包括：

① 带有可拖放控件的 Windows 窗体可视化设计器。
② 包含语句结束、语法检查和其他智能感知功能的识别代码编辑器。
③ 集成的编译和调试。
④ 用于创建和管理应用程序文件的项目管理工具。

这些功能类似于以前版本的 Visual Basic 和 Visual C++中的功能。但 Visual Studio .NET 进一步扩展了这些功能，以便为开发 Windows 应用程序提供良好的环境。

典型的 Windows 窗体程序通常包括窗体（Forms）、控件（Controls）和相应的事件（Events）。

5.2 窗体、属性、事件

1．窗体

Windows 窗体和控件是开发 C#应用程序的基础，窗体和控件在 C#程序设计中扮演着重要的角色。在 C#中，每个 Windows 窗体和控件都是对象，都是类的实例。

窗体是可视化程序设计的基础界面，是其他对象的载体和容器。控件是添加到窗体对象上的对象。每个控件都有自己的属性、方法和事件，以完成特定的功能。

C#中以类 Form 来封装窗体。一般来说，用户设计的窗体都是类 Form 的派生类。用户窗体中添加其他界面元素的操作，实际上就是向派生类中添加私有成员。

当新建一个 Windows 应用程序项目时，C#就会自动创建一个默认名为 Form1 的 Windows 窗体。

2．属性

C#使程序员可以创造新的声明性信息的种类，称为属性（attribute）。然后，程序员可以将这种属性附加到各种程序实体，而且在运行时环境中还可以检索这些属性信息。例如，Windows 窗体的属性可以决定窗体的外观和行为，其中常用的属性有名称（Name）属性、标题（Text）属性、控制菜单属性和影响窗体外观的属性。

属性是通过属性类的声明定义的，属性类可以具有定位和命名参数。属性是使用属性规范附加到 C#程序中的实体上的，而且可以在运行时作为属性实例检索。

属性和字段的区别：属性是逻辑字段；属性是字段的扩展，源于字段；属性并不占用实际的内存，字段占内存位置及空间。属性可以被其他类访问，而大部分字段不能直接访问。属性可以对接收的数据范围作限定，而字段不能（也就是增加了数据的安全性）。最直接地说，属性是被"外部使用"，字段是被"内部使用"。

3．事件

Windows 是事件驱动的操作系统，对 Form 类的任何交互都是基于事件来实现的。C#事件就是基于 Windows 消息处理机制的，只是封装得更好，让开发者无须知道底层的消息处理机制，就可以开发出强大的基于事件的应用程序。

以往编写这类程序时，往往采用等待机制，为了等待某件事情的发生，需要不断地检测某些判断变量。而引入事件编程后，大大简化了这种过程。

● 使用事件，可以很方便地确定程序执行顺序。
● 当事件驱动程序等待事件时，它不占用很多资源。事件驱动程序与过程式程序最大的不同就在于，程序不再不停地检查输入设备，而是待着不动，等待消息的到来。每个输入的消息会被排进队列，等待程序处理它。如果没有消息在等待，则程序会把控制交回给操作系统，以运行其他程序。

- 事件简化了编程。操作系统只是简单地将消息传送给对象，由对象的事件驱动程序确定事件的处理方法。操作系统不必知道程序的内部工作机制，只是需要知道如何与对象进行对话，也就是如何传递消息。

要讲事件，必然要讲到委托（delegate）。委托可以理解成函数指针，不同的是委托是面向对象，而且是类型安全的。

可以把事件编程简单地分成两部分：事件发生的类（书面上叫事件发生器）和事件接收处理的类。事件发生的类，就是说，在这个类中触发了一个事件，但这个类并不知道哪个对象或方法将会接收到并处理它触发的事件。所需要的是在发送方和接收方之间存在一个媒介。这个媒介在.NET Framework中就是委托（delegate）。在事件接收处理的类中，需要有一个处理事件的方法。

总结：

C#中使用事件的步骤如下。

（1）创建一个委托。

（2）将创建的委托与特定事件关联（.Net 类库中的很多事件都是已经定制好的，所以它们也就有相应的一个委托。在编写关联事件处理程序——当有事件发生时，要执行的方法的时候，需要和这个委托有相同的签名）。

（3）编写事件处理程序。

（4）利用编写的事件处理程序生成一个委托实例。

（5）把这个委托实例添加到产生事件对象的事件列表中去，这个过程又叫订阅事件。

5.3 常用控件

控件是用户可与之交互以输入或操作数据的对象。控件通常出现在对话框中或工具栏上。控件的设计是一致的。当了解一种控件类型的基础知识后，使用其他控件就很容易了。例如，向应用程序添加控件、更改控件外观等都是类似的。

5.3.1 RadioButton 控件

Windows 窗体 RadioButton 控件为用户提供由两个或多个互斥选项组成的选项集。虽然单选按钮和复选框看似功能类似，却存在重要差异：当用户选择某单选按钮时，同一组中的其他单选按钮不能同时选定。相反，却可以选择任意数目的复选框。定义单选按钮组将告诉用户：这里有一组选项，您可以从中选择一个且只能选择一个。一般把 RadioButton 控件放到 GroupBox 控件中，表示这些 RadioButton 控件是一组。

当单击 RadioButton 控件时，其 Checked 属性设置为 true，并且调用 Click 事件处理程序。当 Checked 属性的值更改时，将引发 CheckedChanged 事件。如果 AutoCheck 属性设置为 true（默认值），则当选择单选按钮时，将自动清除该组中的所有其他单选按钮。通常仅当使用验证代码确保选定的单选按钮是允许的选项时，才将该属性设置为 false。控件内显示的文本使用 Text 属性进行设置，该属性可以包含访问键快捷方式。访问键允许用户通过按 Alt 键和访问键来"单击"控件。

如果 Appearance 属性设置为 Button，则 RadioButton 控件的显示与命令按钮相似，选中时会显示为按下状态。通过使用 Image 和 ImageList 属性，单选按钮还可以显示图像。

下面看一个例子。这个例子中有 4 个 RadioButton 控件作为选项，如图 5-1 所示。在单击"确定"按钮时会弹出对话框，显示用户选中的是哪一个 RadioButton 控件选项，如图 5-2 所示。

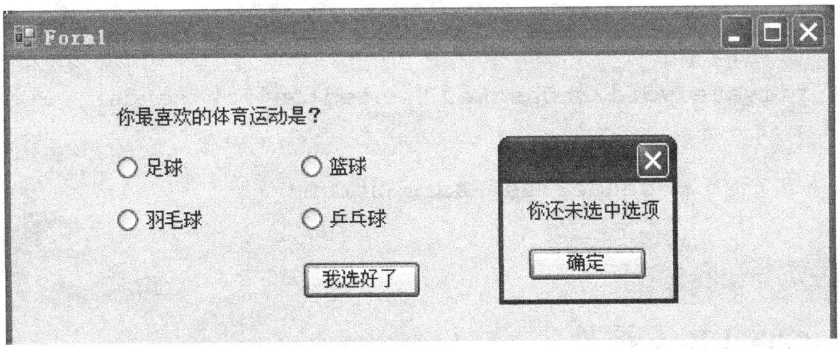

图 5-1　没有选中任何选项时

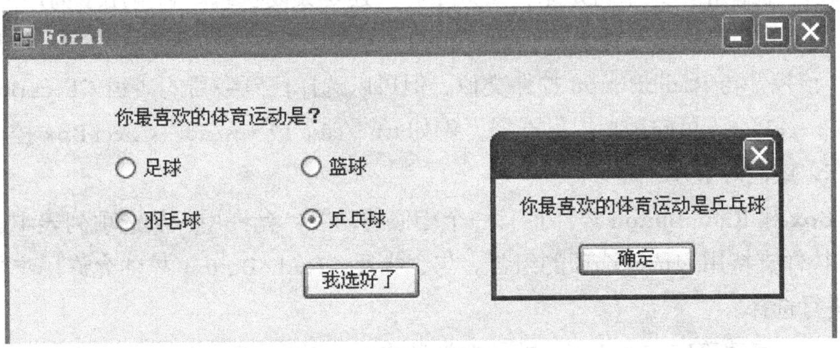

图 5-2　选中一个选项时

对应的代码如下。这里用一个 RadioButton 类型的变量 rb 存放被用户选中的那个选项。将 4 个 RadioButton 的 CheckedChanged 事件都指向 rbCheckedChanged 这个函数来响应。然后考虑一个特殊情况，就是用户没有做出选择就直接单击"我选好了"按钮。这个特殊情况用 if (rb == null)来判断并单独响应。

```
public partial class Form1 : Form
    {
        private RadioButton rb;    //单选钮类型变量，存放选的单选钮对应的文本


        private void button2_Click(object sender, EventArgs e)
        {
```

```
            if (rb == null)          //处理用户没有选中任何 RadioButton
的情况
            {
                MessageBox.Show("你还未选中选项");
                return;
            }

            MessageBox.Show("你最喜欢的体育运动是?" + rb.Text);
        }

        private void rbCheckedChanged(object sender, EventArgs e)
        {
            rb = sender as RadioButton;
        }
    }
```

5.3.2 CheckBox 控件

CheckBox 控件指示某个特定条件是处于打开还是关闭状态。它常用于为用户提供是/否或真/假选项。可以成组使用复选框（CheckBox）控件以显示多重选项，用户可以从中选择一项或多项。该控件与 RadioButton 控件类似，但可以选择任意数目的成组 CheckBox 控件。

使用 CheckBox，可向用户提供选择，例如 true/false 或 yes/no。CheckBox 控件可以显示图像或文本，或同时显示二者。

CheckBox 和 RadioButton 控件拥有一个相似的功能：允许用户从选项列表中进行选择。CheckBox 控件支持用户选择选项的组合。与之相反，RadioButton 控件允许用户从互相排斥的选项中进行选择。

Appearance 属性确定 CheckBox 显示为常见的 CheckBox 还是显示为按钮。

CheckBox 控件的常用属性如下。

（1）TextAlign 属性：用来设置控件中文字的对齐方式，有 9 种选择。

（2）ThreeState 属性：用来返回或设置复选框是否能表示三种状态。属性值为 true 时，可以表示三种状态二选中、没选中和中间态（CheckState.Checked、CheckState.Unchecked 和 CheckState.Indeterminate）；属性值为 false 时，只能表示两种状态——选中和没选中。

（3）Checked 属性：用来设置或返回复选框是否被选中。值为 true 时，表示复选框被选中；值为 false 时，表示复选框没被选中。当 ThreeState 属性值为 true 时，中间态也表示选中。

（4）CheckState 属性：用来设置或返回复选框的状态。在 ThreeState 属性值为 false 时，取值有 CheckState.Checked 或 CheckState.Unchecked。在 ThreeState 属性值被设置为 True 时，CheckState 还可以取值 CheckState.Indeterminate。此时，复选框显示为浅灰色选中状态，该状态通常表示该选项下的多个子选项未完全选中。

下面看一个多选的例子。这个例子中有 4 个 CheckBox 控件作为选项，如图 5-3 所示。

在单击"确定"按钮时会弹出对话框,显示用户选中的是哪些 CheckBox 控件选项,如图 5-4 所示。

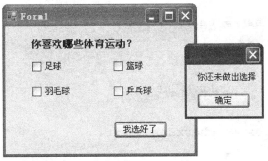

图 5-3 没有选中任何选项时

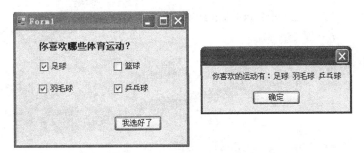

图 5-4 选中任何多个选项时

在用户单击"我选好了"按钮时,通过判断每个 CheckBox 控件的选中状态来了解这些 CheckBox 控件是否被选中。如果被选中,则把这个 CheckBox 控件对应的文本累加到字符串变量 ss 里,最后一起显示。当然,对于用户没有选中任何选项这个特殊情况,也需要做出判断以免出现异常,这个判断由 if (ss == "")语句完成。代码如下。

```
public partial class Form1 : Form
    {
        public Form1()
        {
            InitializeComponent();
        }

        private void button1_Click(object sender, EventArgs e)
        {
            String ss = "";

            if (checkBox1.Checked)
            {
                ss += checkBox1.Text;
                ss += " ";
```

```csharp
        }
        if (checkBox2.Checked)
        {
            ss += checkBox2.Text;
            ss += " ";
        }
        if (checkBox3.Checked)
        {
            ss += checkBox3.Text;
            ss += " ";
        }
        if (checkBox4.Checked)
        {
            ss += checkBox4.Text;
            ss += " ";
        }

        if (ss == "")
            MessageBox.Show("你还未做出选择");
        else
            MessageBox.Show("你喜欢的运动有：" + ss);
    }
}
```

5.3.3 Panel 控件

Windows 窗体控件 Panel 用于为其他控件提供可识别的分组。对控件分组的原因有三个。一是为获得清楚的用户界面而将相关窗体元素进行可视分组；二是编程分组，例如对单选按钮进行分组；三是为了在设计时将多个控件作为一个单元来移动。

通常使用面板按功能细分窗体。例如，可能有一个订单窗体，它指定邮寄选项（如使用哪一类通宵承运商）。将所有选项分组在一个面板中可向用户提供逻辑可视提示。在设计时，所有控件都可以轻松移动。当移动 Panel 控件时，它包含的所有控件也将移动。分组在一个面板中的控件可以通过面板的 Controls 属性进行访问。此属性返回一批 Control 实例。因此，通常需要将该方式检索得到的控件强制转换为它的特定类型。

创建一组控件的步骤如下。

（1）从"工具箱"的"Windows 窗体"选项卡中将 Panel 控件拖到窗体上。

（2）向面板添加其他控件，在面板内绘制每个控件。

（3）如果要向面板添加边框，设置其 BorderStyle 属性。有 3 个选项：Fixed3D、FixedSingle 和 None。Panel 控件不同的边框效果如图 5-5 所示。

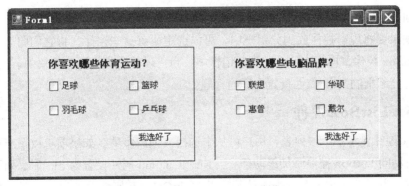

图 5-5 Panel 控件不同的边框效果

5.3.4 GroupBox 控件

GroupBox 控件又称为分组框。该控件常用于为其他控件提供可识别的分组。对控件分组的原因有以下三个。

- 对相关窗体元素进行可视化分组，以构造一个清晰的用户界面。
- 创建编程分组（如单选按钮分组）。
- 设计时将多个控件作为一个单元移动。

向 GroupBox 控件中添加控件的方法有两种：一是直接在分组框中绘制控件；二是把某个已存在的控件复制到剪贴板上，然后选中分组框，再执行粘贴操作。位于分组框中的所有控件随着分组框的移动而一起移动，随着分组框的删除而全部删除，分组框的 Visible 属性和 Enabled 属性也会影响到分组框中的所有控件。分组框的最常用的属性是 Text，一般用来给出分组提示。

Panel 控件类似于 GroupBox 控件；但只有 Panel 控件可以有滚动条，只有 GroupBox 控件可显示标题，效果如图 5-6 所示。

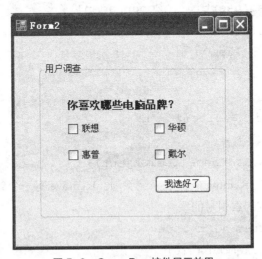

图 5-6 GroupBox 控件显示效果

创建一组控件的方法如下。

（1）在窗体上绘制 GroupBox 控件。

（2）向分组框添加其他控件，在分组框内绘制各个控件。

（3）如果要将现有控件放到分组框中，可以选定所有这些控件，将它们剪切到剪贴板，选择 GroupBox 控件，再将它们粘贴到分组框中。也可以将它们拖到分组框中。

（4）将分组框的 Text 属性设置为适当标题。

5.3.5 ListBox 控件

ListBox 控件显示一个项列表，用户可从中选择一项或多项。如果项总数超出可以显示的项数，则自动向 ListBox 控件添加滚动条。当 MultiColumn 属性设置为 true 时，列表框以多列形式显示项，并且会出现一个水平滚动条。当 MultiColumn 属性设置为 false 时，列表框以单列形式显示项，并且会出现一个垂直滚动条。当 ScrollAlwaysVisible 设置为 true 时，无论项数多少都将显示滚动条。SelectionMode 属性确定一次可以选择多少列表项。

更改 ListBox 控件的方法如下。

SelectedIndex 属性返回对应于列表框中第一个选定项的整数值。通过在代码中更改 SelectedIndex 值，可以编程方式更改选定项；列表中的相应项将在 Windows 窗体上突出显示。如果未选定任何项，则 SelectedIndex 值为-1。如果选定列表中的第一个项，则 SelectedIndex 值为 0。当选定多个项时，SelectedIndex 值反映在列表中第一个出现的选定项。SelectedItem 属性类似于 SelectedIndex，但它返回项本身，通常是字符串值。Count 属性反映列表的项数。由于 SelectedIndex 是从零开始的，所以 Count 属性的值通常比 SelectedIndex 的最大可能值大 1。

若要在 ListBox 控件中添加或删除项，可使用 Add、Insert、Clear 或 Remove 方法；或者，可以在设计时使用 Items 属性向列表添加项。

（1）使用 ObjectCollection 类的 Add 方法向列表添加字符串或对象。

```
listBox1.Items.Add("Tokyo");
```

（2）使用 Insert 方法在列表中所需位置插入字符串或对象。

```
listBox1.Items.Insert(0, "Copenhagen");
```

（3）向 Items 集合分配整个数组。

```
System.Object[] ItemObject = new System.Object[10];
for (int i = 0; i <= 9; i++)
{
   ItemObject[i] = "Item" + i;
}
listBox1.Items.AddRange(ItemObject);
```

（4）调用 Remove 或 RemoveAt 方法来删除项。Remove 有一个参数可指定要移除的项。RemoveAt 移除具有指定的索引号的项。

```
// To remove item with index 0:
listBox1.Items.RemoveAt(0);
// To remove currently selected item:
listBox1.Items.Remove(comboBox1.SelectedItem);
// To remove "Tokyo" item:
```

```
listBox1.Items.Remove("Tokyo");
```
（5）调用 Clear 方法从集合移除所有项。
```
listBox1.Items.Clear();
```

1．常用属性

（1）Items 属性：用于存放列表框中的列表项，是一个集合。通过该属性，可以添加列表项、移除列表项和获得列表项的数目。

（2）MultiColumn 属性：用来获取或设置一个值，该值指示 ListBox 是否支持多列。值为 true 时，表示支持多列；值为 false 时，表示不支持多列。当使用多列模式时，可以使控件得以显示更多可见项。

（3）ColumnWidth 属性：用来获取或设置多列 ListBox 控件中列的宽度。

（4）SelectionMode 属性：用来获取或设置在 ListBox 控件中选择列表项的方法。当 SelectionMode 属性设置为 SelectionMode.MultiExtended 时，按下 Shift 键的同时单击鼠标或者同时按 Shift 键和箭头键之一（上箭头键、下箭头键、左箭头键和右箭头键），会将选定内容从前一选定项扩展到当前项。按 Ctrl 键的同时单击鼠标将选择或撤销选择列表中的某项；当该属性设置为 SelectionMode.MultiSimple 时，单击鼠标或按空格键将选择或撤销选择列表中的某项；该属性的默认值为 SelectionMode.One，则只能选择一项。

（5）SelectedIndex 属性：用来获取或设置 ListBox 控件中当前选定项的从零开始的索引。如果未选定任何项，则返回值为 1。对于只能选择一项的 ListBox 控件，可使用此属性确定 ListBox 中选定项的索引。如果 ListBox 控件的 SelectionMode 属性设置为 SelectionMode.MultiSimple 或 SelectionMode.MultiExtended，并在该列表中选定多个项，此时应用 SelectedIndices 来获取选定项的索引。

（6）SelectedIndices 属性：用来获取一个集合，该集合包含 ListBox 控件中所有选定项的从零开始的索引。

（7）SelectedItem 属性：获取或设置 ListBox 中的当前选定项。

（8）SelectedItems 属性：获取 ListBox 控件中选定项的集合，通常在 ListBox 控件的 SelectionMode 属性值设置为 SelectionMode.MultiSimple 或 SelectionMode.MultiExtended（它指示多重选择 ListBox）时使用。

（9）Sorted 属性：获取或设置一个值，该值指示 ListBox 控件中的列表项是否按字母顺序排序。如果列表项按字母排序，该属性值为 true；如果列表项不按字母排序，该属性值为 false。默认值为 false。在向已排序的 ListBox 控件中添加项时，这些项会移动到排序列表中适当的位置。

（10）Text 属性：该属性用来获取或搜索 ListBox 控件中当前选定项的文本。当把此属性值设置为字符串值时，ListBox 控件将在列表内搜索与指定文本匹配的项并选择该项。若在列表中选择了一项或多项，该属性将返回第一个选定项的文本。

（11）ItemsCount 属性：用来返回列表项的数目。

2．常用方法

（1）FindString 方法：用来查找列表项中以指定字符串开始的第一个项，有以下两种调用格式。

[格式 1]：ListBox 对象.FindString(s);

[功能]：在"ListBox 对象"指定的列表框中查找字符串 s。如果找到，则返回该项从零开始的索引；如果找不到匹配项，则返回 ListBox.NoMatches。

[格式 2]：ListBox 对象.FindString(s,n);

[功能]：在 ListBox 对象指定的列表框中查找字符串 s，查找的起始项为 n+1，即 n 为开始查找的前一项的索引。如果找到，则返回该项从零开始的索引；如果找不到匹配项，则返回 ListBox.NoMatches。

注意：FindString 方式只是词语部分匹配，即要查找的字符串在列表项的开头，便认为是匹配的，如果要精确匹配，即只有在列表项与查找字符串完全一致时才认为匹配，可使用 FindStringExact 方法，调用格式和功能与 FindString 基本一致。

（2）SetSelected 方法：用来选中某一项或取消对某一项的选择，调用格式及功能如下。

[格式]：ListBox 对象.SetSelected(n,l);

[功能]：如果参数 l 的值是 true，则在 ListBox 对象指定的列表框中选中索引为 n 的列表项；如果参数 l 的值是 false，则索引为 n 的列表项未被选中。

（3）Items.Add 方法：用来向列表框中增添一个列表项，调用格式及功能如下。

[格式]：ListBox 对象.Items.Add(s);

[功能]：把参数 s 添加到"listBox 对象"指定的列表框的列表项中。

（4）Items.Insert 方法：用来在列表框中指定位置插入一个列表项，调用格式及功能如下。

[格式]：ListBox 对象.Items.Insert(n,s);

[功能]：参数 n 代表要插入的项的位置索引，参数 s 代表要插入的项。其功能是把 s 插入"listBox 对象"指定的列表框的索引为 n 的位置处。

（5）Items.Remove 方法：用来从列表框中删除一个列表项，调用格式及功能如下。

[格式]：ListBox 对象.Items.Remove(s);

[功能]：从 ListBox 对象指定的列表框中删除列表项 s。

（6）Items.Clear 方法：用来清除列表框中的所有项。其调用格式如下：

ListBox 对象.Items.Clear();

该方法无参数。

（7）BeginUpdate 方法和 EndUpdate 方法：这两个方法均无参数，调用格式分别如下。

ListBox 对象.BeginUpdate();

ListBox 对象.EndUpdate();

这两个方法的作用是保证使用 Items.Add 方法向列表框中添加列表项时，不重绘列表框。也就是在向列表框添加项之前，调用 BeginUpdate 方法，以防止每次向列表框中添加项时都重新绘制 ListBox 控件。完成向列表框中添加项的任务后，再调用 EndUpdate 方法使 ListBox 控件重新绘制。

下面来看一个多选的例子。这个例子中通过代码来构建一个 ListBox 控件，在单击"显示列表"按钮后显示这个 ListBox 控件。运行效果如图 5-7 所示。

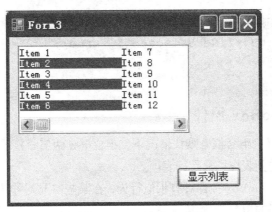

图 5-7 ListBox 控件显示效果

主要功能代码如下。

```csharp
private void button1_Click(object sender, EventArgs e)
{
    // 创建一个 ListBox.控件的实例, listBox1
    ListBox listBox1 = new ListBox();
    //设定这个 ListBox.控件的大小和显示位置
    listBox1.Size = new System.Drawing.Size(200, 100);
    listBox1.Location = new System.Drawing.Point(10, 10);
    // 将这个 ListBox 控件加入到窗体中
    this.Controls.Add(listBox1);
    // 设置多列显示数据项
    listBox1.MultiColumn = true;
    // 设定选中方式为可多选
    listBox1.SelectionMode = SelectionMode.MultiExtended;

    // 向列表中添加数据项时防止 ListBox.控件自动重绘
    listBox1.BeginUpdate();
    // 向 ListBox.控件中添加一些数据
    for (int x = 1; x <= 50; x++)
    {
        listBox1.Items.Add("Item " + x.ToString());
    }
    //允许 ListBox.控件重绘来显示已经添加好的数据项
    listBox1.EndUpdate();

    // 将以下 3 个数据项设置为选中状态
    listBox1.SetSelected(1, true);
```

```
            listBox1.SetSelected(3, true);
            listBox1.SetSelected(5, true);
        }
```

5.3.6 ComboBox 控件

ComboBox 控件又称组合框。默认情况下，组合框分两部分显示：顶部是一个允许输入文本的文本框，下面的列表框则显示列表项。

ComboBox 控件和 ListBox 控件具有相似行为，在某些情况下可以互换。但是也存在其中一种控件更适合某任务的情况。

通常，组合框适合存在一组"建议"选项的情况，而列表框适合想要将输入限制为列表中内容的情况。组合框包含一个文本框字段，因此可以键入列表中没有的选项，但 DropDownStyle 属性设置为 DropDownList 时除外。在此情况下，如果键入第一个字母，此控件将自动选择一项。

此外，组合框可节约窗体上的空间。由于在用户单击下箭头键以前不显示完整列表，所以组合框可以方便地放入列表框放不下的窄小空间。当 DropDownStyle 属性设置为 Simple 时情况例外：此时显示完整列表，并且组合框占用的空间比列表框多。

ComboBox 控件的 SelectedIndex 属性返回一个整数值，该值与选择的列表项相对应。通过在代码中更改 SelectedIndex 值，可以编程方式更改选择项；列表中的相应项将出现在组合框的文本框部分。如果未选定任何项，则 SelectedIndex 值为-1。如果选择列表中的第一项，则 SelectedIndex 值为 0。SelectedItem 属性类似于 SelectedIndex，但它返回项本身，通常是字符串值。Count 属性反映列表的项数。由于 SelectedIndex 是从零开始的，所以 Count 属性的值通常比 SelectedIndex 的最大可能值大 1。

若要在 ComboBox 控件中添加或删除项，可参见上节 ListBox 控件部分。使用 Add、Insert、Clear 或 Remove 方法；或者，可以在设计器中使用 Items 属性向列表添加项。

下面来看一个 ComboBox 控件的例子。在这个例子中，用 ComboBox 控件存放华中地区等 5 个选项。用户选择其中一个选项，然后单击"确定"按钮，将弹出一个对话框显示用户的选择。运行效果图如图 5-8 所示。

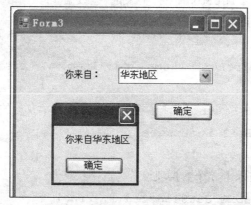

图 5-8　ComboBox 控件显示效果

这个功能的代码如下。SelectedItem 显示了被用户选中的那个选项。

```
private void button2_Click(object sender, EventArgs e)
    {
        MessageBox.Show("你来自"+comboBox1.SelectedItem.ToString());
    }
```

5.3.7　ListView 控件

Windows 窗体 ListView 控件显示了带图标的项的列表。可使用列表视图创建类似于 Windows 资源管理器右窗格的用户界面。该控件具有 4 种视图模式：LargeIcon、SmallIcon、List 和 Details。

ListView 控件的主要属性是 Items，该属性包含该控件显示的项。SelectedItems 属性包含控件中当前选定项的集合。如果将 MultiSelect 属性设置为 true，则用户可选择多项，如同时将若干项拖放到另一个控件中。如果将 CheckBoxes 属性设置为 true，ListView 控件可以显示这些项旁的复选框。

此外，ListView 控件还支持 Windows XP 平台中可用的可视样式和其他功能，包括分组、平铺视图和插入标记。

下面来看一个例子。这个例子中使用代码来创建一个 ListView 控件，其中带有 3 个指定的 ListViewItem 对象，而这 3 个对象中的每一项又带有 3 个指定的 ListViewItem.ListView-SubItem 对象。该示例还创建 ColumnHeader 对象以在详细信息视图中显示子项。在代码示例中还创建 2 个 ImageList 对象，以便为 ListViewItem 对象提供图像。这些 ImageList 对象被添加到 LargeImageList 和 SmallImageList 属性中。运行效果图如图 5-9 所示。

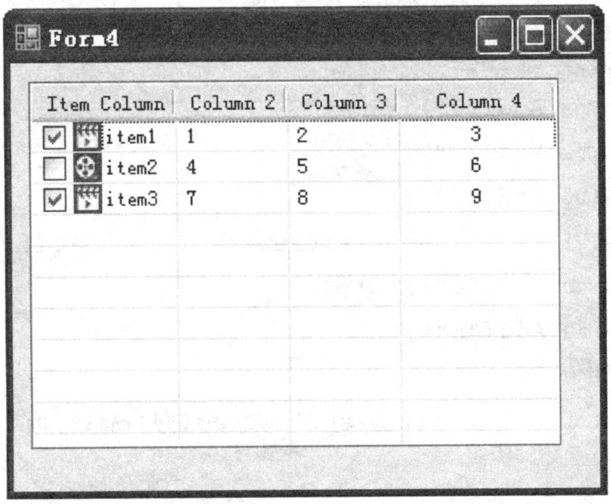

图 5-9　ListView 控件显示效果

这个例子对应的代码如下。

```csharp
private void CreateMyListView()
{
    // 创建一个新的 ListView 控件,并设定其大小
    ListView listView1 = new ListView();
    listView1.Bounds = new Rectangle(new Point(10,10), new Size(300,200));

    // 设定显示方式为 Details
    listView1.View = View.Details;
    // 允许用户编辑文版
    listView1.LabelEdit = true;
    // 允许用户重排列
    listView1.AllowColumnReorder = true;
    // 显示选中框
    listView1.CheckBoxes = true;
    // 允许整行被选中
    listView1.FullRowSelect = true;
    // 显示网格线
    listView1.GridLines = true;
    // 设置控件中项的排列顺序为升序
    listView1.Sorting = SortOrder.Ascending;

    // 创建 3 个项目,每个项目都有 3 个子项
    ListViewItem item1 = new ListViewItem("item1",0);

    item1.Checked = true;
    item1.SubItems.Add("1");
    item1.SubItems.Add("2");
    item1.SubItems.Add("3");
    ListViewItem item2 = new ListViewItem("item2",1);
    item2.SubItems.Add("4");
    item2.SubItems.Add("5");
    item2.SubItems.Add("6");
    ListViewItem item3 = new ListViewItem("item3",0);

    item3.Checked = true;
    item3.SubItems.Add("7");
```

```csharp
item3.SubItems.Add("8");
item3.SubItems.Add("9");

// 设置显示效果
listView1.Columns.Add("Item Column", -2, HorizontalAlignment.Left);
listView1.Columns.Add("Column 2", -2, HorizontalAlignment.Left);
listView1.Columns.Add("Column 3", -2, HorizontalAlignment.Left);
listView1.Columns.Add("Column 4", -2, HorizontalAlignment. Center);

//向 listView 中添加项
    listView1.Items.AddRange(new ListViewItem[]{item1,item2,item3});

// 创建 2 个图列表对象
ImageList imageListSmall = new ImageList();
ImageList imageListLarge = new ImageList();

// 用指定的位图初始化图列表对象
imageListSmall.Images.Add(Bitmap.FromFile("C:\\MySmallImage1.bmp"));
imageListSmall.Images.Add(Bitmap.FromFile("C:\\MySmallImage2.bmp"));
imageListLarge.Images.Add(Bitmap.FromFile("C:\\MyLargeImage1.bmp"));
imageListLarge.Images.Add(Bitmap.FromFile("C:\\MyLargeImage2.bmp"));

//将这两个图标列表分配给 listView 控件
listView1.LargeImageList = imageListLarge;
listView1.SmallImageList = imageListSmall;

//将创建好的 listView 控件添加到控件集中
this.Controls.Add(listView1);
}
```

5.3.8 TreeView 控件

使用 Windows 窗体 TreeView 控件，可以为用户显示节点层次结构，就像在 Windows 操作系统的 Windows 资源管理器功能的左窗格中显示文件和文件夹一样。树视图中的各个节点可能包含其他节点，称为"子节点"。用户可以按展开或折叠的方式显示父节点或包含子节点的节点。通过将树视图的 CheckBoxes 属性设置为 true，还可以显示在节点旁边带有复选框的树视图。然后，通过将节点的 Checked 属性设置为 true 或 false，可以采用编程方式来选中或清除节点。

TreeView 控件的主要属性包括 Nodes 和 SelectedNode。Nodes 属性包含树视图中的顶级节点列表。SelectedNode 属性设置当前选中的节点。用户可以在节点旁边显示图标。该控件使用在树视图的 ImageList 属性中命名的 ImageList 中的图像。ImageIndex 属性可以设置树视图中节点的默认图像。

Windows 窗体 TreeView 控件将顶级节点存储在其 Nodes 集合中。每个 TreeNode 自身还有一个用来存储其子节点的 Nodes 集合。这两个集合属性都属于 TreeNodeCollection 类型，提供标准集合成员，可以在节点层次结构的单个层次上添加、移除和重新排列节点。TreeView 控件显示效果如图 5-10 所示。

图 5-10　TreeView 控件显示效果

（1）以编程方式添加节点要使用树视图 Nodes 属性的 Add 方法。

```
TreeNode newNode = new TreeNode("湖南");
treeView1.SelectedNode.Nodes.Add(newNode);
```

（2）以编程方式移除节点要使用树视图 Nodes 属性的 Remove 方法移除单个节点，或使用 Clear 方法清除所有节点。

```
// 清除选定节点
treeView1.Nodes.Remove(treeView1.SelectedNode);
// 清除所有节点
TreeView1.Nodes.Clear();
```

（3）确定单击了哪个 TreeView 节点。

① 使用 EventArgs 对象返回对已单击节点对象的引用。

② 通过检查 TreeViewEventArgs 类（它包含与事件有关的数据）来确定单击了哪个节点。

```
protected void treeView1_AfterSelect (object sender,
System.Windows.Forms.TreeViewEventArgs e)
{
    MessageBox.Show(e.Node.Text);
}
```

5.4 菜单与上下文菜单

Windows 的菜单系统是图形用户界面（GUI）的重要组成之一。在 C#中使用 MainMenu 控件可以很方便地实现 Windows 的菜单。

1．菜单的结构

顶层菜单项是横着排列的，单击某个菜单项后弹出的称为菜单或子菜单。它们均包含若干个菜单项。菜单项其实是 MenuItem 类的一个对象。菜单项有的是变灰显示的，表示该菜单项当前是被禁止使用的。有的菜单项的提示文字中有带下画线的字母，该字母称为热键（或访问键）。若是顶层菜单，可通过按"Alt+热键"打开该菜单。若是某个子菜单中的一个选项，则在打开子菜单后直接按热键就会执行相应的菜单命令。有的菜单项后面有一个按键或组合键，称为快捷键。在不打开菜单的情况下按快捷键，将执行相应的命令。菜单项加上选中标记，表示该菜单项代表的功能当前正在起作用。

2．菜单项的常用属性

（1）Text 属性：用来获取或设置一个值，通过该值指示菜单项标题。当使用 Text 属性为菜单项指定标题时，还可以在字符前加一个"&"号来指定热键（访问键，即加下画线的字母）。例如，若要将"File"中的"F"指定为访问键，应将菜单项的标题指定为"&File"。编辑菜单如图 5-11 所示。

（2）Checked 属性：用来获取或设置一个值，通过该值指示选中标记是否出现在菜单项文本的旁边。如果要放置选中标记在菜单项文本的旁边，属性值为 true；否则，属性值为 false。默认值为 false。

（3）DefaultItem 属性：用来获取或设置一个值，通过该值指示菜单项是否为默认菜单项。值为 true 时，是默认菜单项；值为 false 时，不是默认菜单项。菜单的默认菜单项以粗体的形式显示。当用户双击包含默认项的子菜单后，默认项被选定，然后子菜单关闭。

（4）Enabled 属性：用来获取或设置一个值，通过该值指示菜单项是否可用。值为 true，表示可用；值为 false，表示当前禁止使用。

（5）RadioCheck 属性：用来获取或设置一个值，通过该值指示选中的菜单项的左边是显示单选按钮还是选中标记。值为 true 时，显示单选按钮标记；值为 false 时，显示选中标记。

（6）Shortcut 属性：用来获取或设置一个值，该值指示与菜单项相关联的快捷键。

（7）ShowShortcut 属性：用来获取或设置一个值，该值指示与菜单项关联的快捷键是否在菜单项标题的旁边显示。如果快捷组合键在菜单项标题的旁边显示，该属性值为 true；如果不显示快捷键，该属性值为 false。默认值为 true。

（8）MdiList 属性：用来获取或设置一个值，通过该值指示是否用在关联窗体内显示的多文档界面（MDI）子窗口列表来填充菜单项。若要在该菜单项中显示 MDI 子窗口列表，则设置该属性值为 true；否则，设置该属性的值为 false。默认值为 false。

3．菜单项的常用事件

菜单项的常用事件主要有 Click 事件，该事件在用户单击菜单项时发生。菜单显示效果如图 5-12 所示。

图 5-11 编辑菜单

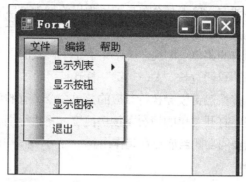

图 5-12 菜单显示效果

5.5 工具条

ToolStrip 控件是 Windows 窗体应用程序中可承载菜单、控件和用户控件的工具栏。ToolStrip 控件及其关联类提供一个公共框架，用于将用户界面元素组合到工具栏、状态栏和菜单中。ToolStrip 控件提供丰富的设计时体验，包括就地激活和编辑、自定义布局和漂浮（工具栏共享水平或垂直空间的能力）。

ToolStrip 控件的功能如下。

- 在各容器之间显示公共用户界面。
- 创建易于自定义的常用工具栏，让这些工具栏支持高级用户界面和布局功能，如停靠、漂浮、带文本和图像的按钮、下拉按钮和控件、"溢出"按钮和 ToolStrip 项的运行时重新排序。
- 支持溢出和运行时项重新排序。如果 ToolStrip 没有足够空间显示界面项，溢出功能会将它们移到下拉菜单中。
- 通过通用呈现模型支持操作系统的典型外观和行为。
- 对所有容器和包含的项进行事件的一致性处理，处理方式与其他控件的事件相同。
- 将项从一个 ToolStrip 拖到另一个 ToolStrip 内。
- 使用 ToolStripDropDown 中的高级布局创建下拉控件及用户界面类型编辑器。

若要将工具栏停靠到某个框架窗口，则必须启用该框架窗口（或目标）以允许停靠。这可通过使用 CFrameWnd::EnableDocking 函数来实现，该函数采用一个 DWORD 参数。这是一组指示框架窗口的哪一个边接受停靠的样式位。如果一个工具栏即将停靠并且有多个边可以停靠，则在传递给 EnableDocking 的参数中指示的边按以下顺序使用：顶边、底边、左边、右边。如果希望能够将控制条停靠在任意位置，可将 CBRS_ALIGN_ANY 传递给 EnableDocking。

1. 为工具栏启用停靠

准备好停靠目标后，必须以相似的方式准备工具栏（或源）。为想要停靠的每一个工具栏调用 CControlBar::EnableDocking，指定工具栏应停靠的目标边。如果在 CControlBar::EnableDocking 调用中所指定的边没有一个与框架窗口中为停靠启用的边匹配，则工具栏无法停靠（它将浮动）。工具栏一旦浮动，将保持为浮动工具栏，不能停靠到框架窗口。

如果希望工具栏永久浮动，可调用参数为 0 的 Enable Docking，然后调用 CFrameWnd::FloatControlBar。工具栏将保持浮动，永远不能在任意位置停靠。

2. 停靠工具栏

当用户试图将工具栏放置在允许停靠的框架窗口某一边时，框架调用 CFrameWnd::DockControlBar。

另外，可以随时调用该函数将控制条停靠在框架窗口中。这通常在初始化过程中完成。框架窗口的具体某个边上可停靠多个工具栏。

3. 浮动工具栏

从框架窗口分离可停靠工具栏称为浮动工具栏。调用 CFrameWnd::FloatControlBar 来执行该操作。指定要浮动的工具栏、将放置的点以及决定浮动工具栏是水平还是垂直的对齐样式。

当用户拖动工具栏离开停靠位置并将它放置在一个未启用停靠的位置时，框架调用该函数。这可以是框架窗口的内部或外部的任意位置。同 DockControlBar 一样，也可以在初始化过程中调用该函数。

可停靠工具栏的 MFC 实现不提供一些支持可停靠工具栏的应用程序中有的扩展功能。诸如可自定义工具栏这样的功能不提供。

4. 动态调整工具栏大小

自 Visual C++ 4.0 起，可以使应用程序的用户动态调整浮动工具栏大小。通常情况下，工具栏为水平显示的长线性形状，如图 5-13 所示。但工具栏的方向和形状可以更改。例如，当用户将工具栏停靠到框架窗口的垂直边时，其形状就更改为垂直布局。也可以将工具栏的形状调整为具有多行按钮的矩形。

图 5-13　工具条显示效果

5.6　状态条

StatusStrip 控件可以显示正在 Form 上查看的对象的相关信息、对象的组件或与该对象在应用程序中的操作相关的上下文信息。通常，StatusStrip 控件由 ToolStripStatusLabel 对象组成，每个这样的对象都可以显示文本、图标或同时显示这二者。StatusStrip 还可以包含 ToolStripDropDownButton、ToolStripSplitButton 和 ToolStripProgressBar 控件。

默认的 StatusStrip 没有面板。若要向 StatusStrip 中添加面板，可使用 ToolStripItemCollection.AddRange 方法。

StatusStrip 控件对处理 Visual Studio 中的 StatusStrip 项和常用命令提供广泛支持。下面来看一个状态条的例子，显示效果如图 5-14 所示。

图 5-14　状态条显示效果

下面这些代码显示了如何使用 Spring 属性在 StatusStrip 控件中放置 ToolStripStatusLabel 控件。

```
class Form4 : Form
{
    ToolStripStatusLabel middleLabel;

    public Form4()
    {
        // 创建新状态条
        StatusStrip ss = new StatusStrip();

        ss.Items.Add("Left");

        middleLabel = new ToolStripStatusLabel("Middle (Spring)");
        middleLabel.Click += new EventHandler(middleLabel_Click);
        ss.Items.Add(middleLabel);

        ss.Items.Add("Right");

        this.Controls.Add(ss);
    }

    void middleLabel_Click(object sender, EventArgs e)
    {
        middleLabel.Spring ^= true;

        middleLabel.Text =
            middleLabel.Spring ? "Middle (Spring - True)" : "Middle (Spring - False)";
```

    }
}
```

## 5.7 消息框

消息框是显示文本消息给用户的一种预制的模式对话框。通过调用 MessageBox 类的静态 Show 方法显示一个消息框。显示的文本消息是传递给 Show 的字符串参数。Show 方法的一些重载还可以提供标题栏说明。

若要使用户能够关闭消息框，Show 方法在消息框里显示了一个"好"按钮和一个"关闭"按钮。

消息框传达信息，并且可以询问具有不同重要程度的问题。消息框也可以使用特定的图标来指示重要性。例如，图标可以指示消息是否是信息性消息，或是警告消息，或是非常重要的消息。MessageBoxImage 枚举封装一组可能的消息框图标。在默认情况下，消息框不显示图标。但是可以通过 Show 方法的重载和 MessageBoxImage 的值来指定消息框包含一个图标。

消息框始终有一个所有者窗口。默认情况下，消息框的所有者是当前活动的应用程序窗口。但是，通过使用一些 Show 方法的重载，可以为 Window 指定另一个所有者。

表 5-1  Show 方法重载列表

| 名 称 | 说 明 |
| --- | --- |
| Show(String) | 显示具有指定文本的消息框 |
| Show(IWin32Window, String) | 在指定对象的前面显示具有指定文本的消息框 |
| Show(String, String) | 显示具有指定文本和标题的消息框 |
| Show(IWin32Window, String, String) | 在指定对象的前面显示具有指定文本和标题的消息框 |
| Show(String, String, MessageBoxButtons) | 显示具有指定文本、标题和按钮的消息框 |
| Show(IWin32Window, String, String, MessageBoxButtons) | 在指定对象的前面显示具有指定文本、标题和按钮的消息框 |
| Show(String, String, MessageBoxButtons, Message BoxIcon) | 显示具有指定文本、标题、按钮和图标的消息框 |
| Show(IWin32Window, String, String, MessageBoxButtons, MessageBoxIcon) | 在指定对象的前面显示具有指定文本、标题、按钮和图标的消息框 |
| Show(String, String, MessageBoxButtons, Message BoxIcon, MessageBoxDefaultButton) | 显示具有指定文本、标题、按钮、图标和默认按钮的消息框 |
```

续表

名称	说明
Show(IWin32Window, String, String, MessageBoxButtons, MessageBoxIcon, MessageBoxDefaultButton)	在指定对象的前面显示具有指定文本、标题、按钮、图标和默认按钮的消息框
Show(String, String, MessageBoxButtons, MessageBoxIcon, MessageBoxDefaultButton, MessageBoxOptions)	显示具有指定文本、标题、按钮、图标、默认按钮和选项的消息框
Show(IWin32Window, String, String, MessageBoxButtons, MessageBoxIcon, MessageBoxDefaultButton, MessageBoxOptions)	在指定对象的前面显示具有指定文本、标题、按钮、图标、默认按钮和选项的消息框
Show(String, String, MessageBoxButtons, MessageBoxIcon, MessageBoxDefaultButton, MessageBoxOptions, Boolean)	显示一个具有指定文本、标题、按钮、图标、默认按钮、选项和"帮助"按钮的消息框
Show(String, String, MessageBoxButtons, MessageBoxIcon, MessageBoxDefaultButton, MessageBoxOptions, String)	在指定对象的前面使用指定的帮助文件显示一个具有指定文本、标题、按钮、图标、默认按钮、选项和"帮助"按钮的消息框
Show(IWin32Window, String, String, MessageBoxButtons, MessageBoxIcon, MessageBoxDefaultButton, MessageBoxOptions, String)	在指定对象的前面使用指定的帮助文件显示一个具有指定文本、标题、按钮、图标、默认按钮、选项和"帮助"按钮的消息框
Show(String, String, MessageBoxButtons, MessageBoxIcon, MessageBoxDefaultButton, MessageBoxOptions, String, String)	使用指定的帮助文件和帮助关键字显示一个具有指定文本、标题、按钮、图标、默认按钮、选项和"帮助"按钮的消息框
Show(String, String, MessageBoxButtons, MessageBoxIcon, MessageBoxDefaultButton, MessageBoxOptions, String, HelpNavigator)	使用指定的帮助文件和 HelpNavigator 显示一个具有指定文本、标题、按钮、图标、默认按钮、选项和"帮助"按钮的消息框
Show(IWin32Window, String, String, MessageBoxButtons, MessageBoxIcon, MessageBoxDefaultButton, MessageBoxOptions, String, String)	在指定对象的前面使用指定的帮助文件和帮助关键字显示一个具有指定文本、标题、按钮、图标、默认按钮、选项和"帮助"按钮的消息框

续表

名 称	说 明
Show(IWin32Window, String, String, MessageBoxButtons, MessageBoxIcon, MessageBoxDefaultButton, MessageBoxOptions, String, HelpNavigator)	在指定对象的前面使用指定的帮助文件和 HelpNavigator 显示一个具有指定文本、标题、按钮、图标、默认按钮、选项和"帮助"按钮的消息框
Show(String, String, MessageBoxButtons, MessageBoxIcon, MessageBoxDefaultButton, MessageBoxOptions, String, HelpNavigator, Object)	在指定对象的前面使用指定的帮助文件、HelpNavigator 和帮助主题显示一个具有指定文本、标题、按钮、图标、默认按钮、选项和"帮助"按钮的消息框
Show(IWin32Window, String, String, MessageBoxButtons, MessageBoxIcon, MessageBoxDefaultButton, MessageBoxOptions, String, HelpNavigator, Object)	在指定对象的前面使用指定的帮助文件、HelpNavigator 和帮助主题显示一个具有指定文本、标题、按钮、图标、默认按钮、选项和"帮助"按钮的消息框

下面来看一个例子。这个例子中通过单击一个按钮 button5 来显示一个消息框，这个消息框带有指定的文本、指定的标题、指定的按钮和指定的图标的消息框。

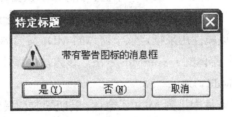

图 5-15 员工信息保存界面

这个例子对应的代码如下。在 Show 方法中有 4 个参数，分别用来指定要显示的文本、标题、指定的按钮和指定的图标。

```
private void button5_Click(object sender, EventArgs e)
{
MessageBox.Show("带有警告图标的消息框","特定标题",MessageBoxButtons.
YesNoCancel,MessageBoxIcon.Warning);
}
```

5.8 MDI

在前面章节中所创建的都是单文档界面（SDI）应用程序。这样的程序（如记事本和画图程序）仅支持一次打开一个窗口或文档。如果需要编辑多个文档，必须创建 SDI 应用程序的多个实例。而使用多文档界面（MDI）程序（如 Word 和 AdobePhotoshop）时，用户可以同时编辑多个文档。

MDI 程序中的应用程序窗口称为父窗口，应用程序内部的窗口称为子窗口。虽然 MDI 应用程序可以具有多个子窗口，但是每个子窗口却只能有一个父窗口。此外，处于活动状态的子窗口最大数目是 1。子窗口本身不能再成为父窗口，而且不能移动到它们的父窗口区域之外。子窗口的行为与任何其他窗口一样（如可以关闭、最小化和调整大小等）。

一个子窗口在功能上可能与父窗口的其他子窗口不同。例如，第 1 个子窗口可能用于编辑图像，第 2 个子窗口可能用于编辑文本，第 3 个子窗口可以使用图形来显示数据，但是所有的窗口都属于相同的 MDI 父窗口。

1．与 MDI 应用程序设计有关的属性、方法和事件

常用的 MDI 父窗体属性如下。

（1）ActiveMdiChild 属性。该属性用来表示当前活动的 MDI 子窗口。如果当前没有子窗口，则返回 null。

（2）IsMdiContainer 属性。该属性用来获取或设置一个值，该值指示窗体是否为多文档界面（MDI）子窗体的容器，即 MDI 父窗体。值为 true 时，表示是父窗体；值为 false 时，表示不是父窗体。

（3）MdiChildren 属性。该属性以窗体数组形式返回 MDI 子窗体，每个数组元素对应一个 MDI 子窗体。

2．MDI 子窗体的常用属性

（1）IsMdiChild 属性。该属性用来获取一个值，该值指示该窗体是否为多文档界面（MDI）的子窗体。值为 true 时，表示是子窗体；值为 false 时，表示不是子窗体。

（2）MdiParent 属性。该属性用来指定该子窗体的 MDI 父窗体。与 MDI 应用程序设计有关的方法中，一般只使用父窗体的 LayoutMdi 方法。该方法的调用格式如下：

MDI 父窗体名.LayoutMdi(Value);

该方法用来在 MDI 父窗体中排列 MDI 子窗体，以便导航和操作 MDI 子窗体。参数 Value 决定排列方式，取值有：MdiLayout.ArrangeIcons（所有 MDI 子窗体以图标的形式排列在父窗体的工作区内）、MdiLayout.TileHorizontal 所有 MDI 子窗口均水平平铺在 MDI 父窗体的工作区内）、MdiLayout.TileVertical（所有 MDI 子窗口均垂直平铺在 MDI 父窗体的工作区内）和 MdiLayout.Cascade（所有 MDI 子窗口均层叠在 MDI 父窗体的工作区内）。常用的 MDI 父窗体的事件是 MdiChildActivate，当激活或关闭一个 MDI 子窗体时将发生该事件。

3．菜单合并

父窗体和子窗体可以使用不同的菜单，这些菜单会在选择子窗体的时候合并。如果需要指定菜单的合并方式，程序员可以设置每个菜单项的 MergeOrder 属性和 MergeType 属性。

（1）MergeOrder 属性：用来确定当两个菜单合并时菜单项出现的顺序，具有较低 MergeOrder 的菜单项会首先出现。

（2）MergeType 属性：当合并的两个菜单的某些菜单项的 MergeOrder 属性值相等时，使用该属性可以控制这些菜单项的显示方式。

4．在设计时创建 MDI 父窗体

（1）创建 Windows 应用程序项目。

（2）在"属性"窗口中，将 IsMdiContainer 属性设置为 true。

（3）将该窗体指定为子窗口的 MDI 容器。

5. 创建 MDI 子窗体

（1）创建菜单结构中包含顶级菜单项"文件"和"窗口"及菜单项"新建"和"关闭"的 MDI 父窗体。

（2）在"属性"窗口顶部的下拉列表中，选择与"窗口(&W)"菜单项对应的菜单项，然后将 MdiList 属性设置为 true。这将使"窗口"菜单能够维护打开的 MDI 子窗口的列表（活动子窗口旁有一个复选标记）。

（3）在解决方案资源管理器中，用鼠标右键单击项目，指向"添加"，然后选择"添加新项"。

注意：在此步骤中创建的 MDI 子窗体是标准的 Windows 窗体。因此，它具有 Opacity 属性，该属性允许控制窗体的透明度。但是，Opacity 属性用于顶级窗口。不要将其与 MDI 子窗体同时使用，否则可能会引起绘制问题。

（4）在"添加新项"对话框中，从"模板"窗格中选择"Windows 窗体"。在"名称"框中，命名窗体 Form2。单击"打开"按钮将该窗体添加到项目中。此时，Windows 窗体设计器打开，其中显示 Form2。

（5）将 RichTextBox 控件从"工具箱"拖到窗体上。

（6）在"属性"窗口中，将 Anchor 属性设置为 Top, Left，并将 Dock 属性设置为 Fill。这样，即使 MDI 子窗体的大小被调整，RichTextBox 控件也会完全填充该窗体的区域。

（7）为"新建"菜单项创建 Click 事件处理程序。

（8）插入类似于以下代码的代码，以便在用户单击"新建"菜单项时创建新的 MDI 子窗体（在下面的示例中，事件处理程序处理 MenuItem2 的 Click 事件。请注意，"新建"菜单项可能不是 MenuItem2，这取决于应用程序结构的具体情况）。

下面来看一个例子。在这个例子中，通过代码在父窗体中创建 3 个子窗体，并实现通过代码改变这 3 个子窗体的排列显示方式，MDI 显示效果如图 5-16 所示。这里需要注意的是，父窗体的 IsMdiContainer 属性要设置为 true。

这个例子对应的代码如下。

```
public partial class Form1 : Form
    {
        public Form1()
        {
            InitializeComponent();
        }
        //创建3个子窗体
        private void toolStripLabel1_Click(object sender, EventArgs e)
        {
            Form frm1 = new Form();
            frm1.MdiParent = this;
            frm1.Show();
```

```csharp
        Form frm2 = new Form();
        frm2.MdiParent = this;
        frm2.Show();

        Form frm3 = new Form();
        frm3.MdiParent = this;
        frm3.Show();
    }
    private void toolStripLabel2_Click(object sender, EventArgs e)
    {
        //将子窗体水平平铺
        LayoutMdi(MdiLayout.TileHorizontal);
    }
    private void toolStripLabel3_Click(object sender, EventArgs e)
    {
        //将子窗体垂直平铺
        LayoutMdi(MdiLayout.TileVertical);
    }
    private void toolStripLabel4_Click(object sender, EventArgs e)
    {
        //将子窗体层叠排列
        LayoutMdi(MdiLayout.Cascade);
    }
}
```

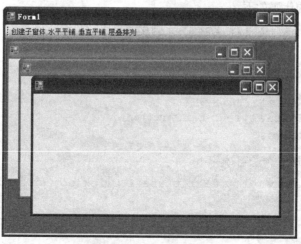

图 5-16 MDI 显示效果

5.9 窗体跳转

窗体之间的跳转步骤：首先创建新窗体，然后显示该新窗体。必要的话，隐藏原窗体。下面这段代码显示了这个步骤。

新建一个 Windows 窗体应用程序，在窗体中放一个 Button 控件，在这个 Button 的单击事件中添加如下代码。首先创建一个名为 fm2 的新窗体。然后通过 Show（）方法显示这个窗体，同时隐藏原有窗体。

```
private void button1_Click(object sender, EventArgs e)
{
    Form fm2 = new Form();

    fm2.Show();
    this.Hide();
}
```

本章小结

本章详细介绍了 Windows 应用程序的基本结构、常用控件的属性和事件等，并用实例显示如何用 C#代码来控制控件实现具体任务。

本章的重点是掌握常用控件的使用、常用属性和事件，能灵活使用这些控件完成特定任务。

习题

使用本章介绍的功能做一个交互式小程序，获得同学的兴趣、爱好等个人信息，并用 MessageBox 显示这些信息。

第 6 章 使用 ADO.NET 管理数据

【本章学习目标】

本章主要讲解如何使用 ADO.NET 技术来访问和管理数据库中的数据，其中包括如何进行数据库连接，使用命令对象执行 SQL 文本命令和存储过程，使用数据读取器来查询数据和获取表的信息，以及使用数据集来访问数据等内容。通过本章学习，读者应该掌握以下内容：

- 理解 ADO.NET 的相关概念；
- 掌握使用命令对象、数据读取器和数据集来访问和管理数据库中的数据。

6.1 案例引入

某软件公司要设计一个窗体程序来保存员工的相关信息。目前，该公司已在 SQL Server 2005 数据库管理服务器上创建了一个数据库 companydb，里面有两张表：部门表 tb_department 和员工表 tb_employee，如图 6-1 和图 6-2 所示。

id	name
1	研发部
2	市场部
3	人力资源部
4	测试部

图 6-1 部门表

id	name	age	gender	salary	depid
31	李文	25	F	3000.00	1
32	张非	30	M	5000.00	1
33	杨铭	30	F	4000.00	3

图 6-2 员工表

这两张表的主键列都是列 id，均设置为 int 型自增长。员工表中，age 列表示年龄；gender 列表示性别，F（Female）表示女性，M（Male）表示男性；salary 列表示月薪；depid 列表示部门编号与部门表中的 id 相对应，例如员工表中第三条记录的 id 是 33，姓名是杨铭，年龄是 30，性别女，月薪 4 000，所属部门是人力资源部。

公司要求根据数据库中的这两张表设计相应的窗体程序，保证当管理员填写好员工信息单击"保存"按钮后，填写的信息能保存到数据库员工表中，如图 6-3 所示。

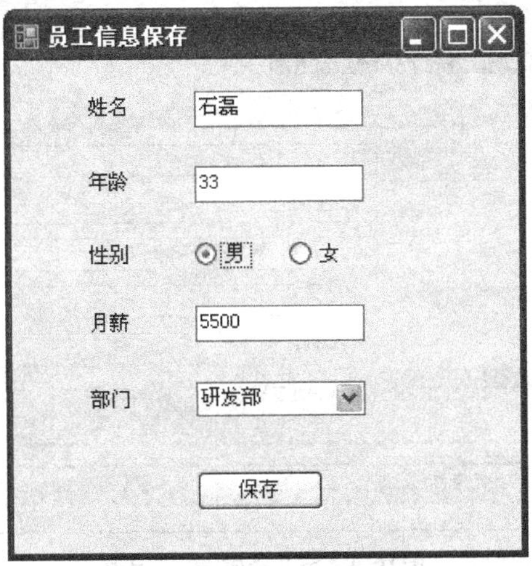

图 6-3 员工信息保存界面

前面的章节中已经介绍了如何设计 Windows 界面，现在的关键问题就是如何在管理员单击按钮后，将用户在界面中填写的信息储存到数据库的表中。这里就需要用到 ADO.NET 技术。

6.2 ADO.NET 概述

ADO.NET 中定义了一组访问和操作数据源的类。这些数据源除了常用的关系数据库外，也可以是普通的文本文件、Excel 表格或者 XML 文件。

ADO.NET 的名称来源于微软早期的数据访问类组 ADO（ActiveX Date Objects）。虽然 ADO.NET 和 ADO 都提供了数据访问功能，但和 ADO 相比，ADO.NET 的功能得到了更新和加强，可以用于.NET 的编程环境，并且 ADO.NET 中的类、属性和方法与 ADO 有很大的不同，它替代了 ADO。

ADO.NET 为连接访问不同类型的数据库，提供了 4 种数据库客户端命名空间，可以在.NET 编程环境中访问 SQL Server 数据库、Oracle 数据库、ODBC 数据源以及通过 OLE DB 技术实现的数据库。在.NET 编程环境中，最好的数据库选择当然是 SQL Server。本书也将以 SQL Server 为例讲解 C#的数据库访问处理。如果要访问其他数据库，就可以使用 ADO.NET 提供的 ODBC 或 OLE DB 方式。对于其他一些常用的数据库，如 MySQL 和 DB2 等，也都有各数据库厂商或第三方提供的.NET 处理程序。但这些是需要用户自己下载并导入项目中，ADO.NET 默认情况下是不提供的。

6.3 数据库连接

要进行 SQL Server 数据库操作，首先需要通过 SQL Server 客户端进行数据库连接，连接前要告诉客户端要连接的数据库管理服务器的名称和身份验证方式等连接信息。如果选择的是 SQL Server 身份认证，还需要提供用户名和密码，如图 6-4 所示。

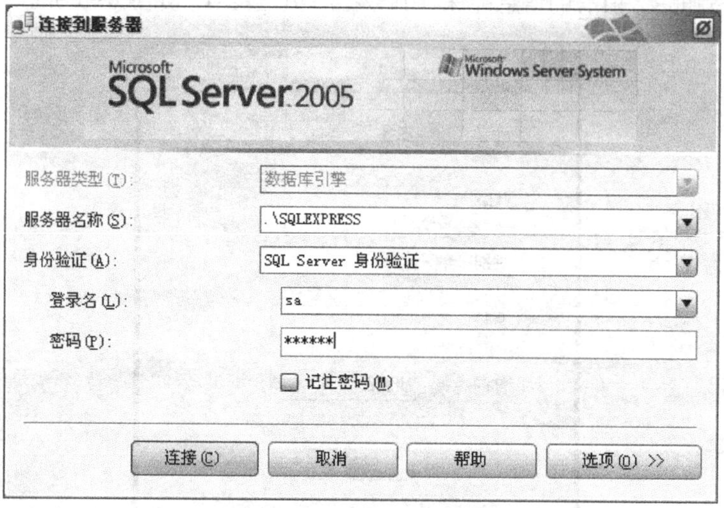

图 6-4 SQL Server 客户端

同样，在 C#程序中要访问 SQL Server 数据库，需要一个连接对象来和 SQL Server 数据库进行连接。ADO.NET 中提供了 SqlConnection 类来完成连接的工作。下面通过一个简单的例子介绍在 C#程序中怎样和指定数据库进行连接。

```csharp
//注释1:引入命名空间System.Data.SqlClient
using System.Data.SqlClient;
namespace ConnectionDemo
{
    class Program
    {
        static void Main(string[] args)
        {
            //注释2:根据连接字符串创建一个Sql Server连接对象
            SqlConnection conn = new SqlConnection(
                "Data Source=.\\SQLEXPRESS;Initial Catalog=companydb;
                User ID=sa;Password=123456");
            //注释3:建立Sql Server连接
            conn.Open();
            //注释4:进行数据库访问操作
            //注释5:关闭Sql Server连接
```

```
            conn.Close();
        }
    }
}
```

要使用 SqlConnection 连接类，需要先引入其所在的命名空间 System.Data.SqlClient，然后实例化一个 SqlConnection 对象。在实例化 SqlConnection 对象时，要通过一个连接信息字符串告诉程序要连接的数据库的相关信息。这个连接信息字符串中包含多个连接信息参数，连接信息参数名是在 ADO.NET 中规定的，而参数值是由用户指定的，每个连接参数用分号隔开。如上面例子中的连接字符串是"Data Source=.\\SQLEXPRESS;Initial Catalog=companydb;User ID=sa;Password=123456 "，其中包含了 4 个连接信息参数：

Data Source=.\\SQLEXPRESS 表示程序连接到本机上运行的 SQLEXPRESS 数据库服务器实例。

Initial Catalog= companydb 表示要连接的数据库名称为 companydb。

User ID=sa 表示数据库连接用户名为 sa。

Password=123456 表示数据库连接密码为 123456。

这些连接信息参数名可以有其他名称，比如数据库名称 Initial Catalog 参数名可以用 Database 来代替，具体请参照微软 MSDN 的相关帮助页面：

http://msdn.microsoft.com/zh-cn/library/system.data.sqlclient.sqlconnection.connectionstring.aspx

这里要注意，使用 SQL Server 的用户名和密码方式进行连接时，需要使用 SQL Server 管理工具设置要连接的数据库服务器实例的服务器身份验证方式为 SQL Server 和 Windows 身份验证模式，如图 6-5 所示。

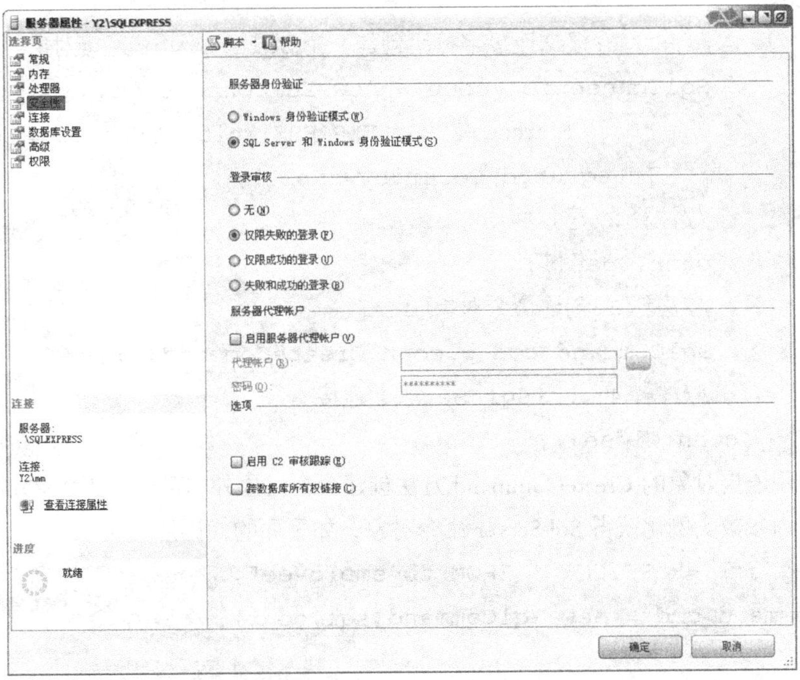

图 6-5 服务器身份验证方式设置

如果设置的是只使用 Windows 身份验证模式验证，那么连接参数 User ID 和 Password 就应该替换为集成安全性参数 Integrated Security=true。在这里，微软强烈推荐与 true 等效的 SSPI 作为其参数值，即 Integrated Security=SSPI。

SSPI 是 Security Support Provider Interface（安全支持提供器接口）的英文缩写，是微软定义的公共 API，用来获得验证、信息完整性、信息隐私等集成安全服务，以及用于所有分布式应用程序协议安全方面的服务。

SqlConnection 的连接信息字符串还可以包括其他连接信息参数，用户可以根据实际需要进行选择，相关内容也可以查看上文提供的 MSDN 页面链接。

连接对象创建好以后，就需要调用它的 Open 方法来建立数据库连接。连接建立后，就可以编写代码进行数据库访问操作了，这是后面要讲解的内容。数据库访问完成后，需要调用连接对象的 Close 方法关闭数据库连接。

6.4 命令对象

6.4.1 创建命令对象

和数据库建立连接后，就需要对数据库进行操作。ADO.NET 中提供了多种数据库的操作方式，本节介绍使用命令对象进行数据库操作的方式。使用 SQL Server 客户端连接数据库服务器后，可以在其提供的 SQL 窗口输入并执行 SQL 语句。同样，ADO.NET 的命令类 SqlCommand 为程序员在.NET 编程环境中提供了执行 SQL 语句的功能。

在 C#中，当数据库连接建立后，就可以通过连接对象来创建一个命令对象。下面的代码片段演示的是使用连接对象 SqlConnection 的 CreateCommand 方法来创建命令对象 SqlCommand。

```
//注释1:根据连接字符串创建一个Sql Server连接对象
SqlConnection conn = new SqlConnection(
    "Data Source=.\\SQLEXPRESS;Initial Catalog= companydb;
    Integrated Security=sspi");
//注释2:建立Sql Server连接
conn.Open();
//注释3:创建命令对象
SqlCommand cmd = conn.CreateCommand();
//注释4:关闭Sql Server连接
conn.Close();
```

除了使用连接对象的 CreateCommand 方法创建命令对象外，还可以使用 SQL 命令字符串和连接对象为参数实例化获得 Sql Server 命令对象，如下面的代码片段所示。

```
String sql = "SELECT * FROM tb_employee";
SqlCommand cmd = new SqlCommand(sql,conn);
```

6.4.2 执行 SQL 文本命令

创建命令对象后，就可以使用其相关方法来进行数据库访问操作了。命令类提供了 3 个方法来执行不同类型的数据库访问操作。

ExecuteNonQuery()：执行非查询命令，返回受影响的记录个数。

ExecuteReader()：执行查询命令，返回数据读取器对象。

ExecuteScalar()：执行查询命令，返回结果集中第一行的第一列数据。

下面会有专门一节讲解数据读取器对象的用法，这里先讲解 ExecuteNonQuery()方法和 ExecuteScalar()方法的使用。

1. ExecuteNonQuery()方法

此方法一般用于除 Select 外的 Insert、Delete 和 Update 的 SQL 文本命令执行，返回受影响的记录个数。下面的代码演示了通过命令对象执行 Insert 文本命令向员工表 tb_employee 中插入一条数据。

```
using System.Data.SqlClient;
namespace ComUpdateDemo
{
    class Program
    {
        static void Main(string[] args)
        {
            SqlConnection conn = new SqlConnection(
                "Data Source=.\\SQLEXPRESS;Initial Catalog=companydb;
                User ID=sa;Password=123456");
            conn.Open();
            SqlCommand cmd = conn.CreateCommand();
             //注释1:设置 SQL 命令字符串
             cmd.CommandText = "Insert into tb_employee(name,age,gender)
                                        values('张兰',26,'F')";
             //注释2:执行非查询类型的 SQL 语句
            int count = cmd.ExecuteNonQuery();
            //注释3:在控制台输出结果
            Console.Write("已成功插入{0}行记录! ",count);
            conn.Close();
        }
    }
}
```

在本例中，首先设置 SqlCommand 对象的 CommandText 属性为要执行的 SQL 文本命令，如注释 1 下面的语句所示；然后执行 SqlCommand 对象的 ExecuteNonQuery()方法，如注释 2 下面的语句所示。

2. ExecuteScalar()方法

ExecuteScalar()方法适用于查询语句只返回一个结果的情况。例如，下面的例子是查询员工表 tb_employee 中员工的最大年龄是多少。

```
using System;
using System.Data.SqlClient;
namespace ComScalarDemo
{
    class Program
    {
        static void Main(string[] args)
        {
            SqlConnection conn = new SqlConnection(
                "Data Source=.\\SQLEXPRESS;Initial Catalog=companydb;
                User ID=sa;Password=123456");
            conn.Open();
            String sql = "SELECT MAX(age) FROM tb_employee";
            //注释1:使用连接对象和SQL字符串实例化获得Sql Server命令对象
            SqlCommand cmd = new SqlCommand(sql,conn);
            //注释2:执行SQL语句
            Object result = cmd.ExecuteScalar();
            //注释3:在控制台输出查询结果
            Console.Write(result);
            conn.Close();
        }
    }
}
```

本例注释 1 下面的代码采用了前面介绍的第二种方式来创建命令对象，此方式是将 SQL 命令字符串和连接对象作为命令类构造方法的两个参数来实例化一个命令对象。

6.4.3 执行存储过程

使用 SqlCommand 对象还可以执行数据库中的存储过程。存储过程（Stored Procedure）是在数据库系统中一组为了完成特定功能的 SQL 语句集，经编译后存储在数据库中，用户通过指定存储过程的名字并给出参数（如果该存储过程带有参数）来执行它。例如，下面在数据库 companydb 中创建的存储过程 UpdateSalary 是为员工表 tb_employee 中所有员工的月薪（salary 列）增加指定的金额（参数@Change）。

```sql
CREATE PROCEDURE UpdateSalary (@Change money)
  AS
BEGIN
  SET NOCOUNT OFF;
  Update tb_employee Set salary=salary+@Change
END
```

在 C#中，使用 SqlCommand 对象调用此存储过程的代码如下。

```csharp
using System;
using System.Data.SqlClient;
using System.Data;
namespace ComProceDemo
{
    class Program
    {
        static void Main(string[] args)
        {
            //注释1:根据连接字符串创建一个Sql Server连接对象
            SqlConnection conn = new SqlConnection(
                "Data Source=.\\SQLEXPRESS;Initial Catalog=companydb;
                User ID=sa;Password=123456");
            //注释2:建立Sql Server连接
            conn.Open();
            //注释3:通过Sql Server连接对象获得Sql Server命令对象
            SqlCommand cmd = conn.CreateCommand();
            //注释4:设置执行命令的类型为存储过程
            cmd.CommandType = CommandType.StoredProcedure;
            //注释5:设置存储过程的名称
            cmd.CommandText = "UpdateSalary";
            //注释6:设置存储过程的参数
            cmd.Parameters.AddWithValue("@Change",200);
            //注释7:执行存储过程
            int count = cmd.ExecuteNonQuery();
            Console.Write("已成功更新{0}行记录! ", count);
            //注释8:关闭Sql Server连接
            conn.Close();
        }
    }
}
```

在 C#程序中，通过 SqlCommand 对象调用存储过程，需要设置执行命令的类型为存储过程，即将 SqlCommand 对象的 CommandType 属性设置为 CommandType.StoredProcedure，如示例程序中注释 4 下的语句。CommandType 是命名空间 System.Data 下定义的一个枚举类型，用来指定如何解释命令字符串 CommandText。默认情况下，SqlCommand 对象的 CommandType 属性值是 CommandType.Text。表示此 SqlCommand 对象的 CommandText 值是 SQL 文本命令。因为 CommandType.Text 是 Command 对象 CommandType 属性的默认值，所以在上节的例子中没有显式地对 CommandType 属性赋值。当 SqlCommand 对象的 CommandType 属性设置为 CommandType.StoredProcedure 时，此对象的 CommandText 属性应设置为要调用的存储过程的名称，如示例程序中注释 5 下的语句。当调用的存储过程需要传入参数时，就可以执行 SqlCommand 对象 Parameters 属性的 AddWithValue 方法。此方法的第一个参数应设置为存储过程的参数名，第二个参数是对应的参数值，如示例程序中注释 6 下的语句。最后调用 SqlCommand 对象的 ExecuteNonQuery（）方法执行存储过程，如示例程序中注释 7 下的语句。

6.5 数据读取器

6.5.1 数据读取器概述

上节中介绍的 SqlCommand 对象的 ExecuteReader() 方法会返回一个数据读取器 SqlDataReader 对象，通过这个对象能很方便地读取出查询结果。使用数据读取器对象只能以往前和只读的方式获取查询数据，每次从数据库服务器端检索一条记录，放入客户端的缓冲区，因此速度快。数据读取器对象是采用连接式的方式访问数据，也就是说，在数据读取器读取数据期间，必须实时保持与数据库服务器端的连接。在 ADO.NET 中，对于不同的数据库客户端命名空间，该对象的名称也不同。它们的超类都是 System.Data.Common.DbDataReader。在 SQL Server 数据库客户端命名空间中，数据读取器的名称为 SqlDataReader。

6.5.2 查询数据

下面的例子演示了使用 SqlDataReader 查询数据的方法。

```
using System;
using System.Data.SqlClient;
namespace DataReaderDemo
{
    class Program
    {
        static void Main(string[] args)
        {
            //注释1:根据连接字符串创建一个 Sql Server 连接对象
            SqlConnection conn = new SqlConnection(
                "Data Source=.\\SQLEXPRESS;Initial Catalog=companydb;
```

```
        User ID=sa;Password=123456");
    //注释2:建立Sql Server连接
    conn.Open();
    //注释3:通过Sql Server连接对象获得Sql Server命令对象
    SqlCommand cmd = conn.CreateCommand();
    //注释4:设置SQL命令字符串
    cmd.CommandText = "select name,age from tb_employee";
    //注释5:执行非查询类型的SQL语句
    SqlDataReader reader = cmd.ExecuteReader();
    //注释6:在访问数据前先调用DataReader对象的Read方法
    while (reader.Read())
    {
        Console.WriteLine(String.Format("{0}, {1}",
                        reader[0], reader[1]));
    }
    //注释7:关闭DataReader对象
    reader.Close();
    //注释8:关闭Sql Server连接
    conn.Close();
        }
    }
}
```

本示例中,通过调用 SqlCommand 对象的 ExecuteReader 方法执行查询命令,查询表 tb_employee 中所有员工的姓名和年龄,此命令返回一个 SqlDataReader 对象。要获取查询的信息,首先要执行此对象的 Read 方法。这个方法从查询结果中读取一行数据,如果有行数据可读取,则返回 true;如没有,则返回 false。因此,本例中使用这个方法的返回值作为 while 循环条件来遍历打印出所有查询结果。可以在 DataReader 对象中使用整数引用来获取查询数据,如示例中的 reader[0], reader[1],此时数据引用是从 0 开始的。除了整数引用外,在 DataReader 对象中还可以使用列名引用来获取对应的查询数据。如上例可改为 reader["name"], reader["age"],最后得到的结果是一样的。此示例通过控制台输出时,先用 String 的 Format 方法将输出结果格式化,String.Format("{0}, {1}",reader[0], reader[1])表示将获取的员工姓名和年龄中间用逗号隔开。

6.5.3 获取表的信息

使用 SqlDataReader 对象除了能读取数据库表中的数据外,还可以获取表的相关信息。下面的例子演示了使用 SqlDataReader 获取表的信息。

```
using System;
using System.Data.SqlClient;
```

```csharp
//注释1:引入命名空间System.Data
using System.Data;
namespace DataTableDemo
{
    class Program
    {
        static void Main(string[] args)
        {
            SqlConnection conn = new SqlConnection(
                "Data Source=.\\SQLEXPRESS;Initial Catalog=companydb;
                User ID=sa;Password=123456");
            conn.Open();
            SqlCommand cmd = conn.CreateCommand();
            cmd.CommandText = "select * from tb_employee";
            SqlDataReader reader = cmd.ExecuteReader();
            //注释2:通过DataReader对象获取DataTabel对象
            DataTable dataTable = reader.GetSchemaTable();
            //注释3:遍历DataTabel对象中的行对象，获取表的列名和数据类型
            foreach (DataRow row in dataTable.Rows) {
                Console.WriteLine(String.Format("{0},{1}",
                            row["columnname"],row["datatype"]));
            }
            reader.Close();
            conn.Close();
            Console.Read();
        }
    }
}
```

SqlDataReader 的 GetSchemaTable 方法返回一个 DataTable 类型的对象。DataTable 类包含在 System.Data 命名空间中，因此需要首先引入此命名空间。返回的 DataTable 对象中包含了查询结果表的相关元信息，其中 DataTable 对象中的一行对应结果表中一列的元信息，如列的名称、列的序号和列的数据类型等。上面示例中使用 row["columnname"]和 row["datatype"]获取对应列的列名和数据类型。columnname 和 datatype 这些列元信息类型字符串是已经定义好的，可以通过 DataTable 对象的 Columns 获取其集合。下面的代码是遍历打印出所有的列元信息类型字符串。

```csharp
foreach (DataColumn col in dataTable.Columns) {
        Console.WriteLine(col);
}
```

6.6 数据集

6.6.1 数据集与数据适配器

除了使用前面介绍的 SqlCommand 和 SqlDataReader 来访问数据库外，ADO.NET 中还提供了一个数据集 DataSet 类。这个类具有很强大的数据处理功能，所有复杂的数据操作都需要使用它。DataSet 是 ADO.NET 的核心类。DataSet 需要结合数据适配器 DataAdapter 一起使用。SqlDataAdapter 表示一组 SQL 命令和一个数据库连接，用于填充 DataSet 和更新数据源。

DataSet 中包含一个或多个表对象 DataTable，DataTable 对应要操作的数据库表。每个 DataTable 对象包含多个行对象 DataRow 和列对象 DataColumn，在程序中就可以通过这些 DataRow 和 DataColumn 对象进行数据访问。

DataSet 对象有一个 DataTableCollection 类型的属性 Tables，它表示 DataSet 中所有 DataTable 表对象的集合。例如，一个 DataSet 类型的对象 ds 中有 2 个 DataTable，第一个 DataTable 的表名是 employee，第二个 DataTable 的表名是 department 。ds 的 Tables 属性就表示这两个 DataTable 的集合。此时可以通过两种方式来访问 ds 中表名为 tb_employee 的 Table 对象。

按表名访问：ds.Tables["employee"]

按索引访问：ds.Tables[0]

当使用索引进行访问时，注意索引是从 0 开始的。

在每个 DataTable 对象中有一个 DataRowCollection 类型的属性 Rows，它表示 DataTable 对象中所有 DataRow 行对象的集合。可以通过以下方式访问上述例子中 employee 表的第一行记录。

ds.Tables["employee"].rows[0]

注意：此处的索引也是从 0 开始的。然后就可以使用以下方式访问此行中列名为 name 的数据信息。

ds.Tables["employee"].rows[0]["name"]

下面的示例演示了使用 DataAdapter 和 DataSet 来查询数据库表数据。

```
using System;
using System.Data;
using System.Data.SqlClient;
namespace DataSetQryDemo
{
    class Program
    {
        static void Main(string[] args)
        {
            //注释1:根据连接字符串创建一个Sql Server连接对象
            SqlConnection conn = new SqlConnection(
                "Data Source=.\\SQLEXPRESS;Initial Catalog=companydb;
```

```
            User ID=sa;Password=123456");
        //注释2:通过连接对象创建一个SqlDataAdapter对象
        SqlDataAdapter da = new SqlDataAdapter("select * from
tb_employee", conn);
        //注释3:创建一个DataSet对象
        DataSet ds = new DataSet();
        //注释4:将SqlDataAdapter对象的查询结果填充到DataSet对象中
        da.Fill(ds, "employee");
        //注释5:获取DataSet对象中students表第一行name列的数据
        foreach (DataRow row in ds.Tables["employee"].Rows)
        {
        //注释6:在控制台中输出当前行name列的数据
            Console.Write(row["name"]+" ");
        //注释7:在控制台中输出当前行age列的数据
            Console.Write(row["age"] + " ");
        //注释8:在控制台中输出当前行gender列的数据
            Console.WriteLine(row["gender"]);
        }
        //注释9:关闭Sql Server连接
        conn.Close();
        Console.Read();
        }
    }
}
```

在这里需要注意 DataSet 对象中的 DataTable 表名和数据库表名的区别：DataTable 表名是在将 DataAdapter 对象的查询结果填充到 DataSet 对象中时命名的，如上面的 DataTable 表名为 employee；而数据库表名为 tb_employee，在访问 DataSet 中的表集合时需要使用 DataTable 表名。

6.6.2 数据集中的数据修改

除了从数据集中获取查询数据外，还可以对数据集中的数据进行修改，并且将修改后的数据更新到数据库中。下面的示例是将员工表 tb_employee 中名为李文的记录查询出来并填充到数据集中，如果此记录存在，就将此行记录 name 列中的李文改为李雯，最后更新到数据库表中。

```
using System;
using System.Data;
using System.Data.SqlClient;
```

```csharp
namespace DataSetUpDemo
{
    class Program
    {
        static void Main(string[] args)
        {
            //注释1:根据连接字符串创建一个Sql Server连接对象
            SqlConnection conn = new SqlConnection(
                "Data Source=.\\SQLEXPRESS;Initial Catalog= companydb;User ID=sa;Password=123456");
            //注释2:通过连接对象创建一个SqlDataAdapter对象
            SqlDataAdapter da = new SqlDataAdapter("select * from tb_employee where name='李文'", conn);
            //注释3:为SqlDataAdapter创建一个SqlCommandBuilder对象
            SqlCommandBuilder cb = new SqlCommandBuilder(da);
            //注释4:创建一个DataSet对象
            DataSet ds = new DataSet();
            //注释5:将SqlDataAdapter对象的查询结果填充到DataSet对象中
            da.Fill(ds, "employee");
            //注释6:判断是否有记录查询出来
            if (ds.Tables["employee"].Rows.Count == 0)
            {
                Console.Write("员工表中没有名为李文的记录");
                Console.Read();
                return;
            }
            //注释7:获取DataSet对象中employee表第一行name列的数据
            String namestr = (String)ds.Tables["employee"].Rows[0]["name"];
            Console.Write("更新前name列为");
            Console.WriteLine(namestr + " ");
            //注释8:给DataSet对象中employee表第一行name列的数据赋值
            ds.Tables["employee"].Rows[0]["name"] = "李雯";
            //注释9:将所做修改更新到数据库中
            da.Update(ds, "employee");
            Console.Write("更新后name列为");
            Console.WriteLine(ds.Tables["employee"].Rows[0]["name"]);
```

```
            //注释10:关闭Sql Server连接
            conn.Close();
            Console.Write("程序已执行完毕,按任意键继续");
            Console.ReadLine();
        }
    }
}
```

此示例中,注释 3 下面的代码是为 SqlDataAdapter 创建一个 SqlCommandBuilder 对象。当创建 SqlCommandBuilder 对象时,构造函数就自动生成 SQL 语句,并将其与传递进来的 SqlDataAdapter 对象进行关联。当数据修改后,调用 SqlDataAdapter 对象的方法 Update 将修改结果更新到数据库时,就不需要自己手工创建相应的 SQL 语句。可以在注释 3 的代码后加入以下代码,在控制台输出 SqlCommandBuilder 对象 cb 自动为 SqlDataAdapter 对象 da 生成的更新数据库表记录的 Update 语句。

```
Console.WriteLine(cb.GetUpdateCommand().CommandText);
```

SqlCommandBuilder 对象的 GetUpdateCommand 方法返回封装了更新数据库表记录命令信息的 SqlCommand 命令对象,其 CommandText 属性就是自动生成的 Update 语句。同样也可以使用 SqlCommandBuilder 对象的 GetInsertCommand 方法和 GetDeleteCommand 方法获取对应的 SqlCommand 命令对象。

将 SqlDataAdapter 对象的查询结果填充到 DataSet 对象后,使用注释 6 下面的 if 语句判断是否有符合查询条件的记录,如果填充的数据集中 employee 表的行的个数是 0,则表示没有符合条件的记录。此时程序不继续往下执行,在显示提示信息后直接返回。如果有符合条件的记录,则给 DataSet 对象中 employee 表第一行 name 列的数据赋值,如注释 8 下面的语句。最后使用 SqlDataAdapter 对象的方法 Update 将修改结果更新到数据库,如注释 9 下面的语句。

6.6.3 添加记录行

通过 DataSet 还可以为数据库表添加新的记录行,示例程序如下。

```
using System;
using System.Data;
using System.Data.SqlClient;
namespace DataSetInsDemo
{
    class Program
    {
        static void Main(string[] args)
        {
            //注释1:根据连接字符串创建一个Sql Server连接对象
            SqlConnection conn = new SqlConnection(
                "Data Source=.\\SQLEXPRESS;Initial Catalog=companydb;
```

```
User ID=sa;Password=123456");
            //注释2:通过连接对象创建一个SqlDataAdapter对象
            SqlDataAdapter da = new SqlDataAdapter("select * from tb_employee", conn);
            //注释3:为SqlDataAdapter创建一个SqlCommandBuilder对象
            SqlCommandBuilder cb = new SqlCommandBuilder(da);
            //注释4:创建一个DataSet对象
            DataSet ds = new DataSet();
            //注释5:将SqlDataAdapter对象的查询结果填充到DataSet对象中
            da.Fill(ds, "employee");
            //注释6:新建一个数据行
            DataRow newrow = ds.Tables["employee"].NewRow();
            //注释7:为新数据行的各列赋值
            newrow["name"] = "张力";
            newrow["age"] = 26;
            newrow["gender"] = "M";
            //注释8:将已赋值的新数据行加到表中
            ds.Tables["employee"].Rows.Add(newrow);
            //注释9:将所做修改更新到数据库中
            da.Update(ds, "employee");
            //注释10:关闭Sql Server连接
            conn.Close();
        }
    }
}
```

将 SqlDataAdapter 对象的查询结果填充到 DataSet 对象中后,需要调用对应表对象的 NewRow 方法新建一个数据行,如注释 6 下面的代码。然后为新数据行对象的各列赋值,如注释 7 下面的代码。再将已赋值的新数据行对象加到数据集的表中,如注释 8 下面的代码。最后调用 SqlDataAdapter 对象的 Update 方法将所做的修改更新到数据库中。

6.6.4 在 DataSet 中访问多个表

在 DataSet 中,除了对单个表进行访问外,还可以访问和维护多个表以及它们之间的关系。每个 DataSet 中都有一个 Relations 属性来表示其中多个表对象 DataTable 之间的关系。Relations 属性是包含 DataRelation 对象的集合,DataRelation 对象用于表示两个 DataTable 对象之间的关系。

在 companydb 数据库中有员工表 tb_employee 和部门表 tb_department。部门表和员工表是一对多的关系,即一个部门有多个员工,而一个员工只隶属于一个部门。在数据库中,通过部门表的主键 id 列与员工表的 depid 列关联来表示它们之间的一对多的关系。在 C#程序中,使用 DataSet 对象 Relations 属性的 Add 方法来建立两个表之间的一对多的关系,如下面的代码所示:

```
DataRelation dr = ds.Relations.Add("empdeprel",
                    ds.Tables["department"].Columns["id"],
                    ds.Tables["employee"].Columns["depid"]);
```

Add 方法的第一个参数是字符串,表示关系的名称;第二个参数是 DataColumn 对象,传入表关系中一的这方的关联列对象;第三个参数也是 DataColumn 对象,传入表关系中多的这方的关联列对象。最后,Add 方法返回一个 DataRelation 对象 dr。此对象表示 DataSet 中表对象 department 和 employee 一对多的关系。一对多的关系也可以看作父子关系,其中一的这方 department 是父表,多的这方 employee 是子表。通过父表的 DataRow 行对象的 GetChildRows 方法,可以得到子表关联行对象的集合。调用行对象的 GetChildRows 方法时,需要传入前面创建的 DataRelation 对象 dr。下面的示例程序输出每个部门中所有员工的姓名。

```
using System;
using System.Data;
using System.Data.SqlClient;
namespace DataRelationDemo
{
    class Program
    {
        static void Main(string[] args)
        {
            //注释1:根据连接字符串创建一个 Sql Server 连接对象
            SqlConnection conn = new SqlConnection(
                "Data Source=.\\SQLEXPRESS;Initial Catalog=companydb;
                User ID=sa;Password=123456");
            //注释2:通过连接对象创建一个访问员工表的 SqlDataAdapter 对象
            SqlDataAdapter da = new SqlDataAdapter("select * from tb_employee", conn);
            //注释3:创建一个 DataSet 对象
            DataSet ds = new DataSet();
            //注释4:将查询结果填充到 DataSet 对象的名为 employee 的表中
            da.Fill(ds, "employee");
            //注释5:通过连接对象创建一个访问部门表的 SqlDataAdapter 对象
            SqlDataAdapter depda = new SqlDataAdapter("select * from tb_department", conn);
            //注释6:将查询结果填充到 DataSet 对象的名为 department 的表中
            depda.Fill(ds, "department");
            //注释7:在 DataSet 对象中创建表 department 和表 employee 一对多的关系
            DataRelation dr = ds.Relations.Add("empdeprel",
```

```
            ds.Tables["department"].Columns["id"],
            ds.Tables["employee"].Columns["depid"]);
        //注释8:遍历表 department 的所有行
        foreach (DataRow deprow in ds.Tables["department"].Rows)
        {   //注释9：输出当前行数据的部门名称
            Console.WriteLine(deprow["name"]+" ");
            //注释10:遍历某一部门的所有员工
            foreach (DataRow emprow in deprow.GetChildRows(dr))
            {   //注释11:输出当前行数据的员工姓名
                Console.WriteLine(emprow["name"] + " ");
            }
        }
        //注释12:关闭Sql Server 连接
        conn.Close();
        Console.Read();
    }
}
}
```

上面的示例程序是通过 DataSet 中父表的行对象获取其关联的子表行对象集合。也可以使用子表的行对象的 GetParentRow 方法获取其关联的父表的行对象，如下面的示例程序就是输出每个员工的姓名和其所在的部门名称。

```
using System;
using System.Data;
using System.Data.SqlClient;
namespace DataRelationDemo
{
    class Program
    {
        static void Main(string[] args)
        {
            //注释1:根据连接字符串创建一个Sql Server 连接对象
            SqlConnection conn = new SqlConnection(
                "Data Source=.\\SQLEXPRESS;Initial Catalog=companydb;
                User ID=sa;Password=123456");
            //注释2:通过连接对象创建一个访问员工表的 SqlDataAdapter 对象
            SqlDataAdapter da = new SqlDataAdapter("select * from tb_employee", conn);
```

```
        //注释3:创建一个 DataSet 对象
        DataSet ds = new DataSet();
        //注释4:将查询结果填充到 DataSet 对象的名为 employee 的表中
        da.Fill(ds, "employee");
        //注释5:通过连接对象创建一个访问部门表的 SqlDataAdapter 对象
        SqlDataAdapter depda =new SqlDataAdapter("select * from
tb_department", conn);
        //注释6:将查询结果填充到 DataSet 对象的名为 department 的表中
        depda.Fill(ds, "department");
        //注释7:在 DataSet 对象中创建表 department 和表 employee 一对
多的关系
        DataRelation dr = ds.Relations.Add("empdeprel",
    ds.Tables["department"].Columns["id"],
ds.Tables["employee"].Columns["depid"]);
        //注释8:遍历表 employee 的所有行
        foreach (DataRow emprow in ds.Tables["employee"].Rows)
        {   //注释9：输出当前行数据的员工姓名
            Console.Write(emprow["name"] + " ");
            //注释10:获取当前员工行对象关联的部门行对象
            DataRow deprow = emprow.GetParentRow(dr);
            //注释11:输出当前员工的部门名称
            if(deprow!=null)
            Console.Write(deprow["name"] + " ");
            Console.WriteLine();
        }
        //注释12:关闭 Sql Server 连接
        conn.Close();
        Console.Read();
    }
  }
}
```

6.7 回到案例

解决本章案例的步骤如下。

（1）启动 Visual Studio 2010 并新建"项目"，项目类型选择"visual c#"，模板选择"Windows 窗体程序"。项目名称命名为"CompanyMIS"。

（2）设计如图 6-6 所示的程序界面。

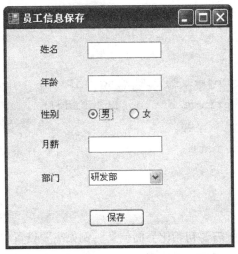

图 6-6　员工信息保存界面

设置窗体的属性 name 为 EmpSave，属性 Text 为"员工信息保存"，主要的窗体控件如表 6-1 所示。

表 6-1　主要窗体控件

控件名称	控件类型	描述
txname	TextBox	输入姓名的文本框
txage	TextBox	输入年龄的文本框
rbmale	RadioButton	性别男的单选框
rbfemale	RadioButton	性别女的单选框
txsalary	TextBox	输入月薪的文本框
cbdep	ComboBox	选择部门的下拉列表
button1	Button	保存按钮

（3）给项目添加一个类名为 Department，此类表示部门，其中定义两个属性 id 和 name 分别对应数据库部门表中同名的两个列。Department 对象将被作为下拉列表项，name 属性值用于显示在下拉列表项中，id 属性值用于最后保存到员工表的 depid 列中。在此类的声明中需要重写父类 Object 的 ToString 方法，返回属性 name 的值，这个值就会显示在下拉列表项中，否则下拉列表项中就只会显示类名。Department 类声明的程序代码如下。

```
namespace CompanyMIS
{
    class Department
    {
        public int id;
        public String name;
        public Department(int id, String name)
        {
```

```csharp
            this.id = id;
            this.name = name;
        }
        //重写父类Object的ToString方法
        public override string ToString()
        {
            return name;
        }
    }
}
```

（4）在窗体加载的时候需要初始化界面信息。例如需要设置单选框男为性别预选项，还需要设置部门下拉列表项，部门的下拉列表项对应数据库部门表中的记录，部门表中记录可能会有变化，因此每次运行程序时，要先访问部门表，将其中的记录查询出来，对应每条记录都实例化一个部门对象Department，根据记录信息设置其id属性和name属性，然后将部门对象作为选项添加到部门下拉列表中。用鼠标左键双击EmpSave窗体，为EmpSave窗体的Load事件处理编写代码：

```csharp
private void EmpSave_Load(object sender, EventArgs e)
{
    //注释1:根据连接字符串创建一个Sql Server连接对象
    SqlConnection conn = new SqlConnection(
        "Data Source=.\\SQLEXPRESS;Initial Catalog=companydb;
        User ID=sa;Password=123456");
    //注释2:建立Sql Server连接
    conn.Open();
    //注释3:通过Sql Server连接对象获得Sql Server命令对象
    SqlCommand cmd = conn.CreateCommand();
    //注释4:设置SQL命令字符串，查询部门表中的所有记录
    cmd.CommandText = "select * from tb_department";
    //注释5:执行非查询类型的SQL语句
    SqlDataReader reader = cmd.ExecuteReader();
    //注释6:读取所有查询记录
    while (reader.Read())
    {
        //注释7:将部门表中每条记录都转换成Department对象
        Department dep = new Department((int)reader[0], (String)reader[1]);
        //注释8:将此对象添加到下拉列表中
        this.cbdep.Items.Add(dep);
```

```
        }
            //注释9:关闭DataReader对象
            reader.Close();
            //注释10:关闭Sql Server连接
            conn.Close();
            //注释11:设置部门下拉列表的第一项为预选项
            this.cbdep.SelectedIndex = 0;
            //注释12:设置单选框男为性别预选项
            this.rbmale.Select();
        }
```

(5)用鼠标左键双击EmpSave窗体的保存按钮,为按钮的单击事件处理编写如下代码:

```
private void button1_Click(object sender, EventArgs e)
        {
            SqlConnection conn=null;
            try
            {
                //注释1:根据连接字符串创建一个Sql Server连接对象
                conn = new SqlConnection(
                    "Data Source=.\\SQLEXPRESS;Initial Catalog=companydb;
                    User ID=sa;Password=123456");
                //注释2:通过连接对象创建一个SqlDataAdapter对象
                SqlDataAdapter da =
new SqlDataAdapter("select * from tb_employee", conn);
                //注释3:为SqlDataAdapter创建一个SqlCommandBuilder对象
                SqlCommandBuilder cb = new SqlCommandBuilder(da);
                //注释4:创建一个DataSet对象
                DataSet ds = new DataSet();
                //注释5:将SqlDataAdapter对象的查询结果填充到DataSet对象中
                da.Fill(ds, "employee");
                //注释6:新建一个数据行
                DataRow newrow = ds.Tables["employee"].NewRow();
                //注释7:获取性别信息
                String gender = "M";
                if (rbfemale.Checked)
                    gender = "F";
                //注释8:获取在下拉列表中选择的部门对象
                Department dep = (Department)this.cbdep.SelectedItem;
                //注释9:为新数据行的各列赋值
```

```csharp
            newrow["name"] = txname.Text;
            newrow["age"] = txage.Text;
            newrow["gender"] = gender;
            newrow["salary"] = txsalary.Text;
            newrow["depid"] = dep.id;
            //注释10:将已赋值的新数据行加到表中
            ds.Tables["employee"].Rows.Add(newrow);
            //注释11:将DataSet中的数据更新到数据库中
            da.Update(ds, "employee");
        }
        catch (Exception excep)
        {
            MessageBox.Show(excep.Message, "错误");
            return;
        }
        finally
        {
            //注释12:关闭Sql Server连接
            conn.Close();
        }
        MessageBox.Show("员工信息保存成功! ", "提示");
    }
```

本章小结

本章通过设计一个员工信息保存程序的案例需求引入 ADO.NET 技术。通过使用 ADO.NET 技术,程序员能够很方便地访问和管理各种类型的数据。本章以微软的 SQL Server 数据库的访问为例详细介绍了使用 ADO.NET 管理数据的相关知识,包括如何在 C#程序中建立数据库连接,如何使用命令对象执行 SQL 文本命令和存储过程,如何使用数据读取器来查询数据以及使用数据集来进行数据修改,添加记录行和在数据集中访问多个表。

习题

1. 本章的案例是通过使用 DataSet 类来保存员工信息的,请修改本案例部分代码,通过使用命令类 SqlCommand 来访问数据库保存员工信息。

2. 在本章案例的数据库中添加一张管理员用户表 tb_user,此表存放可以使用员工信息保存程序的管理员的用户名和密码,然后设计一个登录界面,当用户输入正确的用户名和密码后才能打开和使用员工信息保存程序。

第 7 章 使用 LINQ 访问数据

【本章学习目标】

本章主要讲解使用 LINQ 访问数据的方法，包括 LINQ 的相关概念，LINQ to Objects、LINQ to DataSet 和 LINQ to SQL 的使用方法等内容。通过本章的学习，读者应该掌握以下内容：

- 理解 LINQ 的技术架构；
- 理解 ORM 的概念；
- 掌握 LINQ to Objects、LINQ to DataSet 和 LINQ to SQL 的使用方法；
- 掌握 DataGridView 控件的用法。

7.1 案例引入

通过上一章的学习，读者已能为该软件公司设计出员工信息保存程序。接下来，该软件公司需要设计一个部门员工信息查询程序。用户通过下拉列表选择某个部门，单击查询按钮后，此部门所有员工的相关信息能够以表格的形式显示出来，并且以月薪从低到高进行排序，如图 7-1 所示。

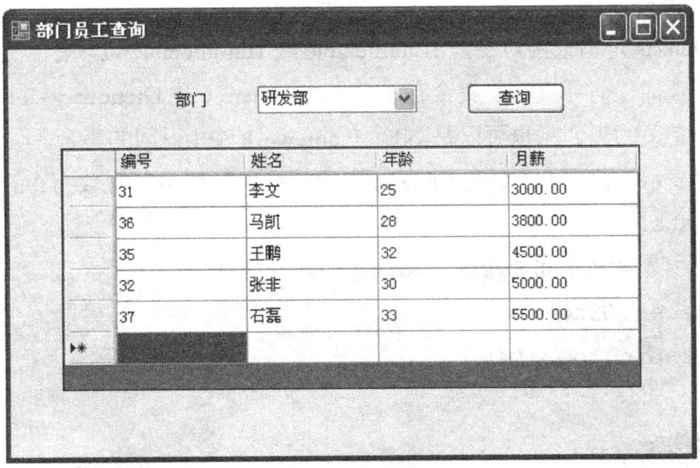

图 7-1 部门员工查询程序

使用微软提供的 LINQ 技术可以很方便地对数据进行查询和管理，本章将具体讲解 LINQ 的相关概念和使用方法。

7.2 LINQ 概述

LINQ（语言集成查询）是 Language Integrated Query 的缩写，它是微软在 Visual Studio 2008 和 .NET Framework 3.5 中开始提供的一组新的技术。这些技术将查询功能集成到 C#语言，以及 Visual Basic 和可能的任何其他 .NET 语言。

在 Visual Studio 中，可以用 C#或 Visual Basic 为以下各种数据源编写 LINQ 查询：支持 IEnumerable 或泛型 IEnumerable<T>接口的任意对象集合、ADO.NET 数据集、SQLServer 数据库以及 XML 文档等。因此 LINQ 主要包括四部分：LINQ to Objects、LINQ to DataSet、LINQ to SQL 和 LINQ to XML。LINQ 技术架构如图 7-2 所示。

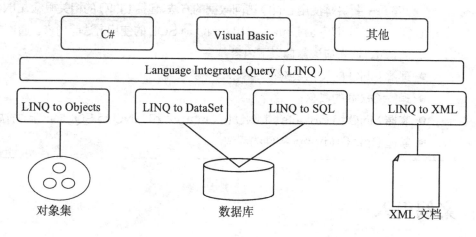

图 7-2　LINQ 技术架构

本章将介绍 LINQ to Objects、LINQ to DataSet 和 LINQ to SQL 的使用方法。

7.3 LINQ to Objects

LINQ to Objects 是指直接对任意 IEnumerable 或 IEnumerable<T>集合使用 LINQ 查询。可以使用 LINQ 查询任何可枚举的集合，如 List<T>、Array 或 Dictionary<TKey, TValue>。该集合可以是用户定义的集合，也可以是 .NET Framework API 返回的集合。

下面的代码演示了使用 LINQ to Objects 查询字符串数组中字符数为 3 的姓名。

```
using System;
//注释1：引入命名空间 System.Linq
using System.Linq;
namespace LinqToObjDemo
{
    class Program
```

```csharp
{
    static void Main(string[] args)
    {
        //注释2：初始化姓名字符串数组
        string[] names = { "张力", "胡一非", "刘子锐" };
        //注释3：使用LINQ查询语句查询出字符数为3的姓名
        var nquery = from name in names
                     where name.Length == 3
                     select name;
        //注释4：变量打印出查询结果
        foreach (var vname in nquery)
        {
            Console.WriteLine(vname);
        }
        Console.Read();
    }
}
```

在 C#程序中使用 LINQ，需要首先引入命名空间 System.Linq，如示例代码注释 1 下面的语句。示例代码注释 2 下面的语句是定义并初始化一个字符串数组，此数组元素的值是员工的姓名。示例代码注释 3 下面的语句是使用 LINQ 查询语句查询出字符数为 3 的姓名。在这里首先定义一个 var 类型的变量 nquery，var 关键字用于声明一般的变量类型，特别适用于 LINQ 查询的结果。var 关键字告诉 C#编译器，根据 LINQ 查询来判断实际的结果类型，如果查询返回多个结果，该变量就可以看作包含多个查询结果对象的集合。此例中声明的 var 类型变量 nquery 其实就是一个字符串的有序列表对象。

示例中给 nquery 赋值的就是 LINQ 查询语句，其中包括 LINQ 查询语句中最基本的 from 子语句、where 子语句和 select 子语句。

from 子语句用来指定数据源，如示例中：

from name in names

关键字 in 后面的 names 是本示例中的数据源，也就是前面声明并赋值的字符串数组。变量 name 表示数据源中的某个元素。

where 子语句用来指定查询条件，如示例中：

where name.Length == 3

表示取出字符串的字符长度为 3。如果没有条件限制，也可以省略 where 子语句，此时就获取数据源中的所有元素。

select 子语句用来指定查询的元素，如示例中：

```
select name
```
select 子语句是必需的,因为必须指定要查询出来的元素。

7.4 LINQ to DataSet

第 6 章已经介绍了 DataSet 是 ADO.NET 中使用最广泛的组件之一,提供了丰富的数据库操作访问功能,但其查询功能受到了一定的限制。LINQ to DataSet 技术增强了 DataSet 的查询功能,使开发人员能够使用编程语言本身,而不是通过使用单独的 SQL 查询语言来编写查询。

下面的代码演示了使用 LINQ to DataSet 来查询 tb_employee 表中年龄大于 30 的员工记录。

```
using System;
using System.Data;
using System.Data.SqlClient;
using System.Linq;
namespace LinqToDatSetDemo
{
    class Program
    {
        static void Main(string[] args)
        {
            //注释1: 根据连接字符串创建一个Sql Server 连接对象
            SqlConnection conn = new SqlConnection(
                       "Data Source=.\\SQLEXPRESS;Initial Catalog=companydb;
                       User ID=sa;Password=123456");
            //注释2: 通过连接对象创建一个SqlDataAdapter 对象
            SqlDataAdapter da = new SqlDataAdapter("select * from tb_employee", conn);
            //注释3: 创建一个DataSet 对象
            DataSet ds = new DataSet();
            //注释4: 将SqlDataAdapter 对象的查询结果填充到DataSet 对象中
            da.Fill(ds, "employee");
            //注释5: 获取DataSet 对象中名为employee 的表对象
            DataTable dataTable = ds.Tables["employee"];
            //注释6: 获得employee 表的数据行DataRow 集合的枚举对象
            IEnumerable
            var employeerows = dataTable.AsEnumerable();
            //注释7: 使用LINQ 查询年龄大于30 的员工记录
            var empsquery = from row in employeerows
```

```
                    where row.Field<int>("age") > 30
                    select row;
        //注释8：遍历查询结果，输出员工的姓名和年龄
        foreach (var emprow in empsquery)
        {
            Console.WriteLine("{0}\t{1}", emprow["name"], emprow["age"]);
        }
        conn.Close();
        Console.Read();
    }
  }
}
```

注释5 下面的语句是从 DataSet 中获取已填充了数据的名为 employee 的 DataTable 对象。
注释6 下面的语句调用 DataTable 的 AsEnumerable 方法获得 employee 表的数据行 DataRow 集合的枚举对象 IEnumerable，这个对象 IEnumerable 就作为 LINQ 的查询数据源。注释7 下面的语句是使用 LINQ 查询年龄大于 30 的员工记录，其中的 LINQ 查询语句如下：

from row in employeerows

where row.Field<int>("age") > 30

select row;

数据源 employeerows 就是 employee 表的数据行 DataRow 集合的枚举对象，因此变量 row 表示其中的一个 DataRow 行对象。在 where 子语句中指定查询条件的时候，如果直接使用 row["age"]>30 表达式，程序运行时会报错。这是因为通过 row["age"]获取的是 object 对象，不能直接和 int 类型的数比较大小，需要通过 row.Field<int>("age")这样的方式将其强制的类型转换成 int 类型。

使用 LINQ to DataSet 来查询 DataSet 中多个表的信息也非常方便。下面的示例程序是输出员工数大于 5 的部门名称，其中就涉及表 employee 和 department 的关联查询。

```
using System;
using System.Data;
using System.Data.SqlClient;
using System.Linq;
namespace LinqToDatSetDemo2
{
    class Program
    {
        static void Main(string[] args)
        {
```

```csharp
//注释1：根据连接字符串创建一个Sql Server连接对象
SqlConnection conn = new SqlConnection(
            "Data Source=.\\SQLEXPRESS;Initial Catalog=companydb;
             User ID=sa;Password=123456");
//注释2：通过连接对象创建一个访问员工表的SqlDataAdapter对象
SqlDataAdapter da = new SqlDataAdapter("select * from tb_employee", conn);
//注释3：创建一个DataSet对象
DataSet ds = new DataSet();
//注释4：将查询结果填充到DataSet对象的名为employee的表中
da.Fill(ds, "employee");
//注释5：通过连接对象创建一个访问部门表的SqlDataAdapter对象
SqlDataAdapter depda =
   new SqlDataAdapter("select * from tb_department", conn);
//注释6：将查询结果填充到DataSet对象的名为department的表中
depda.Fill(ds, "department");
//注释7：在DataSet对象中创建表department和表employee一对多的关系
DataRelation dr = ds.Relations.Add("empdeprel",ds.Tables["department"].Columns["id"], ds.Tables["employee"].Columns["depid"]);
//注释8：获取DataSet对象中名为department的表对象
DataTable dataTable = ds.Tables["department"];
//注释9：获得department表的数据行DataRow集合的枚举对象IEnumerable
var departmentrows = dataTable.AsEnumerable();
//注释10：使用LINQ查询员工数大于5的部门
var depquery = from row in departmentrows
               where row.GetChildRows(dr).Length > 5
               select row;
//注释11：遍历表输出符合条件的部门名称
foreach (var emprow in depquery)
{
    Console.WriteLine(emprow["name"]);
}
//注释12：关闭Sql Server连接
```

```
            conn.Close();
            Console.Read();
        }
    }
}
```

7.5 LINQ to SQL

LINQ to SQL 用于将关系数据作为对象管理。在 LINQ to SQL 中，关系数据库的数据模型映射到用开发人员的编程语言表示的对象模型。当执行应用程序时，LINQ to SQL 会将对象模型中的语言集成查询转换为 SQL，然后将它们发送到数据库进行执行。当数据库返回结果时，LINQ to SQL 会将它们转换回可以操作的对象。下面将通过一个示例讲解 LINQ to SQL 的用法。

新建一个名为 LinqToSqlDemo 的项目，在解决方案资源管理器中选中此项目，单击鼠标右键，在弹出的菜单中依次执行"添加"|"新建项"命令项，如图 7-3 所示。

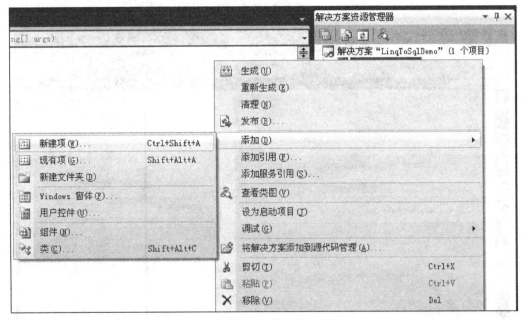

图 7-3 新建项

在弹出的添加新项窗口的模板区域中，选择 LINQ to SQL 类，并将新建项的名称改为 Company.dbml，如图 7-4 所示。dbml（Database Mark Language）是数据库描述语言，是一种 XML 格式的文档，用来描述数据库信息。

Company.dbml 文件新建好后，其设计视图会自动在 Visual Studio 2010 的工作区中打开，如图 7-5 所示。

图 7-4 添加新项

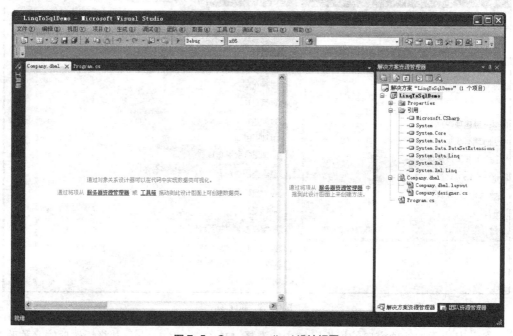

图 7-5 Company.dbml 设计视图

单击 Company.dbml 文件中"服务器资源管理器"超链接,工作区的左侧出现服务器资源管理器视图,如图 7-6 所示。

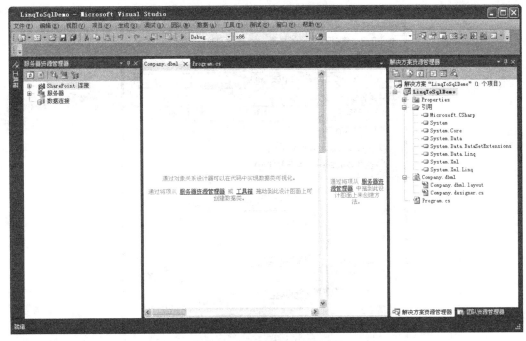

图 7-6　服务器资源管理器视图

在服务器资源管理器中选中"数据连接",单击鼠标右键,在弹出的菜单中选择"添加连接",如图 7-7 所示。

图 7-7　添加数据连接

在弹出的添加连接窗口选择数据源,填写服务器名,选择登录到服务器的方式,选择数据库,如图 7-8 所示。图中填写的信息仅供参考,实际的信息需要读者根据自己数据源的情况进行填写。填写完成后,可以单击此窗口下面的"测试连接"按钮,如连接测试通过,则说明填写的连接信息正确。

图 7-8 添加连接窗口

数据连接添加成功后，就可以在服务器资源管理器中看到连接的数据库的相关信息，如图 7-9 所示。

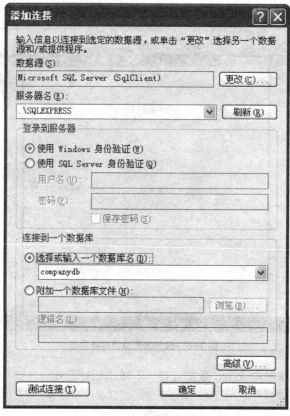

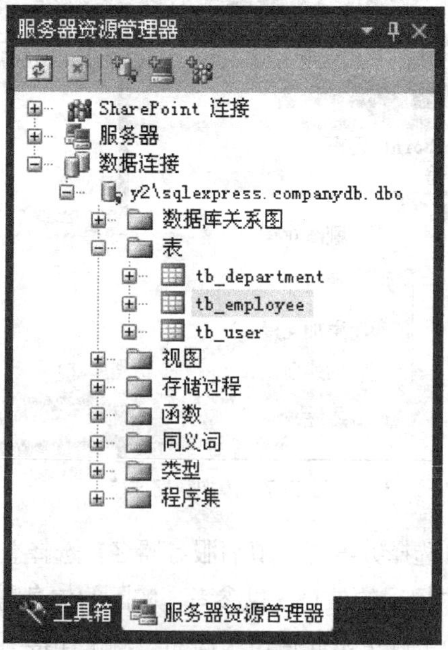

图 7-9 数据连接添加成功

将服务器资源管理器中显示的 tb_employee 表选中，拖到打开的 Company.dbml 文件设计视图上，如图 7-10 所示。

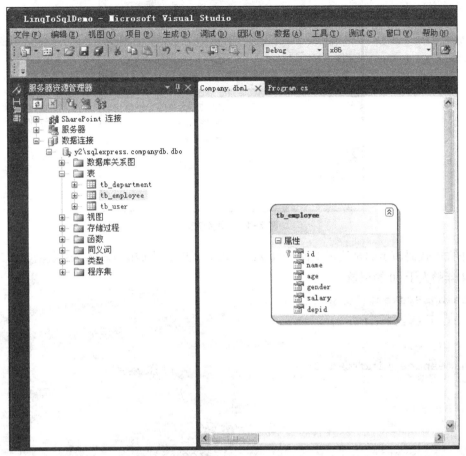

图 7-10　设计 Company.dbml 文件

此时，Visual Studio 会自动将数据库表 tb_employee 映射成 C#中的数据类，其中表对应类，列对应属性，列的数据类型和对应的属性的数据类型一致。表中的一行记录对应数据类的一个实例化对象，该对象的属性值和此行对应列的值一样。这个过程是关系数据库到面向对象程序设计语言的映射，目前普遍的叫法是对象关系映射，其英文缩写为 ORM（Object/Relation Mapping）。这样一个映射的过程可以用手工编码的方式来实现，但很繁琐，而且效率不高。通过上面的操作演示可以看到，在 C#中使用 LINQ to SQL 可以很方便地实现这一映射过程，Visual Studio 会自动生成相应的代码。在本例中，自动生成的代码在文件 Company.designer.cs 中。另外，数据库的连接信息在工程根目录下的 app.config 文件里，这也是自动生成的。以后如果要修改数据库的连接信息，就可以在这个文件中进行修改。

默认情况下，Visual Studio 根据数据库表自动映射生成类的类名和表名一致，类的属性名和列名一致，但这些都是可以修改的。例如，可以修改类名 tb_employee 为 Employee，此时需要右键单击 Company.dbml 文件设计视图上的 tb_employee 图标，在弹出的菜单中选择"属性"，然后就可以在属性视图中修改其名称，如图 7-11 所示。

图 7-11 类名修改

下面的代码演示的是使用上面 LINQ to SQL 自动映射生成的 Employee 数据类，查询员工表中年龄大于 30 的记录。

```
using System;
using System.Linq;
using System.Text;
namespace LinqToSqlDemo
{
    class Program
    {
        static void Main(string[] args)
        {
            //注释1：实例化 CompanyDataContext 对象
            CompanyDataContext datacontext = new CompanyDataContext();
            //注释2：使用 LINQ 查询年龄大于 30 的员工记录
            var employees = from emp in datacontext.Employee
                            where emp.age >30
                            select emp;
            //注释3：遍历查询结果，输出员工的姓名、性别和年龄
            foreach (var emp in employees)
            {
                Console.WriteLine("{0}\t{1}\t{2}\t",emp.name,emp.gender,emp.age);
            }
            Console.Read();
```

            }
        }
}

这个程序的功能和上一节使用 LINQ to DataSet 技术查询数据库的功能是一样的,但明显代码要简洁得多。

注释 1 下面的代码是实例化 CompanyDataContext 对象。CompanyDataContext 类也是 Visual Studio 自动生成的,在文件 Company.designer.cs 中能看到这个类的定义。CompanyDataContext 类的超类是 System.Data.Linq.DataContext。DataContext 类是 C#程序通过 LINQ to SQL 访问数据库的接口,封装了程序连接和访问数据库的技术细节。用户只需按照规范创建和使用此类,就可以很方便地进行数据库的操作,而不需要使用 ADO.NET 数据库访问的相关技术。这也是 ORM 框架技术的优势所在。

注释 2 下面的代码使用 LINQ 查询年龄大于 30 的员工记录。在本例中,CompanyDataContext 对象 datacontext 可以看作数据库 companydb 在程序中的映射,因此 from 子语句中的数据源 datacontext.Employee 对应 companydb 数据库的 tb_employee 表,变量 emp 是某个符合查询条件年龄大于 30 的员工对象 Employee,变量 employees 则是这些对象的集合。

7.6 回到案例

解决本章案例的步骤为

(1)打开上一章创建的项目"CompanyMIS",添加一个窗体,设置窗体的属性 name 为 FormQuery,属性 Text 为"部门员工查询",为此窗体添加一个 Label、一个 ComboBox、一个 Button 和一个 DataGridView 控件。其中 DataGridView 控件是以表格的形式来显示数据,它的位置是在工具箱视图的所有 Windows 窗体下。DataGridView 控件的位置和 FormQuery 窗体的界面设计如图 7-12 所示。

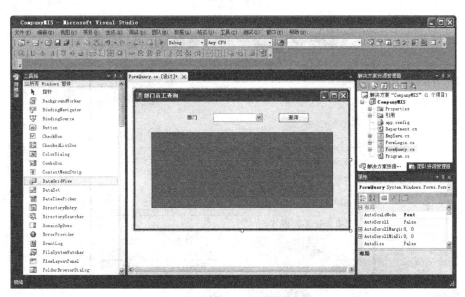

图 7-12　FormQuery 窗体界面

FormQuery 窗体的主要控件如表 7-1 所示。

表 7-1　Form Query 窗体的主要控件

控件名称	控件类型	描　　述
comboBox1	ComboBox	选择部门的下拉列表
button1	Button	查询按钮
dataGridView1	DataGridView	查询结果表格显示视图

（2）鼠标右键单击窗体中的 DataGridView 控件，在弹出的菜单中选择"编辑列"选项，弹出如图 7-13 所示的编辑列窗体。单击"添加"按钮，在弹出的添加列窗体中填写"页眉文本"文本框的内容为编号，如图 7-14 所示。"页眉文本"文本框中填写的内容就是此列在 DataGridView 控件中显示的列名。按此步骤依次为 DataGridView 控件添加名为姓名、年龄和月薪的列。

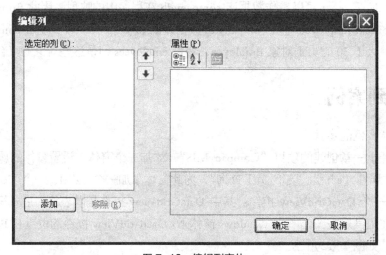

图 7-13　编辑列窗体

图 7-14　添加列

（3）所有列添加完成后，在编辑列窗体的"选定的列"列表中选择名为编号的列，然后在右侧"绑定列属性"列表中找到"数据"|"DataPropertyName"项，填写此项的值为id，如图 7-15 所示。"DataPropertyName"项的值对应的就是数据源属性或数据库列的名称。按此步骤依次设置姓名列"DataPropertyName"项的值为name，年龄列的值为age，月薪列的值为saraly。设置完成后，单击"确定"按钮，得到如图7-16 所示的窗体界面。

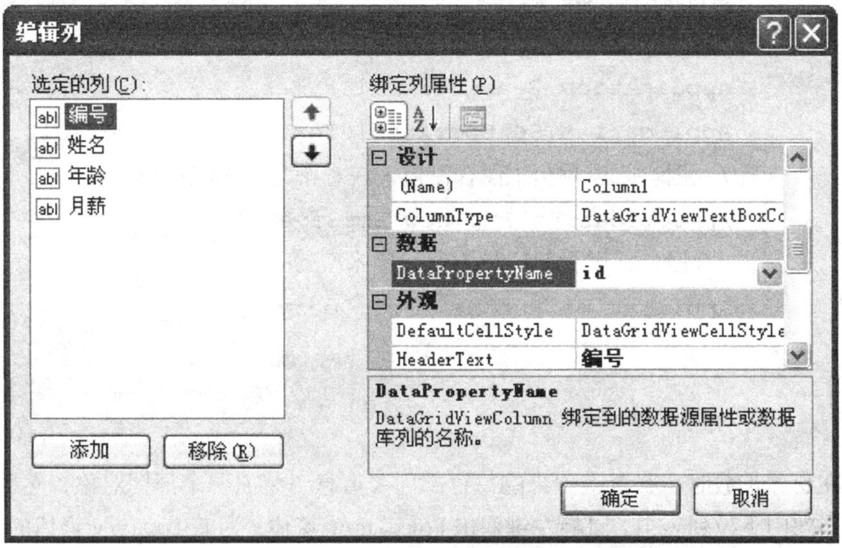

图 7-15 编辑列

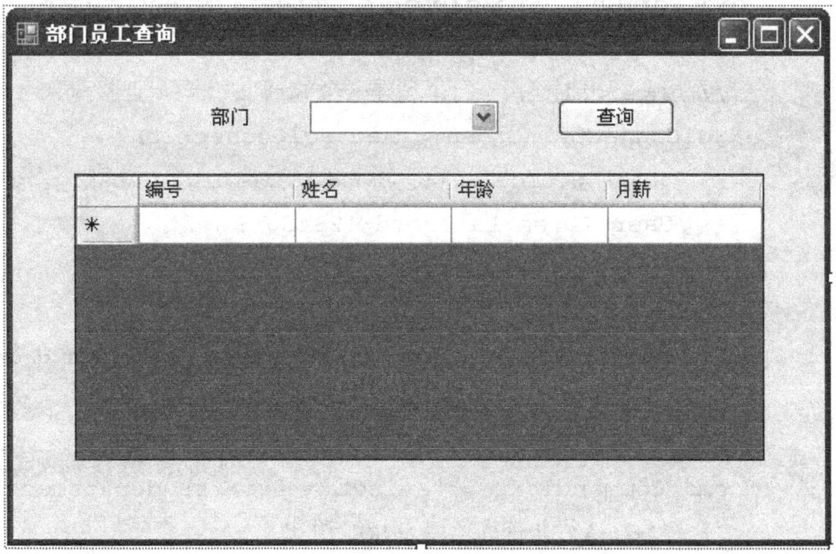

图 7-16 部门员工查询界面

（4）打开项目中的 Program 文件，修改主程序运行时打开的是部门员工查询窗体。

```
namespace CompanyMIS
{
    static class Program
```

```csharp
{
    /// <summary>
    /// 应用程序的主入口点
    /// </summary>
    [STAThread]
    static void Main()
    {
        Application.EnableVisualStyles();
        Application.SetCompatibleTextRenderingDefault(false);
        //注释1:运行员工保存窗体,注意将此语句注释掉
        //Application.Run(new EmpSave());
        //注释2:运行部门员工查询窗体
        Application.Run(new FormQuery());
    }
}
```

(5) 在窗体加载时,将查询出来的每行部门表信息封装成一个部门对象,然后将其作为选项添加到部门下拉列表中。鼠标左键双击 FormQuery 窗体,为 FormQuery 窗体的 Load 事件处理编写如下代码。

```csharp
private void FormQuery_Load(object sender, EventArgs e)
{
    //注释1:根据连接字符串创建一个Sql Server连接对象
    SqlConnection conn = new SqlConnection(
        "Data Source=.\\SQLEXPRESS;Initial Catalog=companydb;
        User ID=sa;Password=123456");
    //注释2:建立Sql Server连接
    conn.Open();
    //注释3:通过Sql Server连接对象获得Sql Server命令对象
    SqlCommand cmd = conn.CreateCommand();
    //注释4:设置SQL命令字符串,查询部门表中的所有记录
    cmd.CommandText = "select * from tb_department";
    //注释5:执行非查询类型的SQL语句
    SqlDataReader reader = cmd.ExecuteReader();
    //注释6:读取所有查询记录
    while (reader.Read())
    {
        //注释7:将部门表中每条记录都转换成Department对象
        Department dep = new Department((int)reader[0],
```

```
                    (String)reader[1]);
                    //注释8:将此对象添加到下拉列表中
                    this.comboBox1.Items.Add(dep);
                }
                //注释9:关闭DataReader对象
                reader.Close();
                //注释10:关闭Sql Server连接
                conn.Close();
                //注释11:设置部门下拉列表的第一项为预选项
                this.comboBox1.SelectedIndex = 0;
        }
```

(6)鼠标左键双击 FormQuery 窗体的查询按钮,为按钮的单击事件处理编写如下代码。

```
        private void button1_Click(object sender, EventArgs e)
        {
            //注释1:根据连接字符串创建一个Sql Server连接对象
            SqlConnection conn = new SqlConnection(
                "Data Source=.\\SQLEXPRESS;Initial Catalog=companydb;
                User ID=sa;Password=123456");
            //注释2:通过连接对象创建一个SqlDataAdapter对象
            SqlDataAdapter da = new SqlDataAdapter("select * from tb_employee", conn);
            //注释3:创建一个DataSet对象
            DataSet ds = new DataSet();
            //注释4:将SqlDataAdapter对象的查询结果填充到DataSet对象中
            da.Fill(ds, "employee");
            //注释5:获取DataSet对象中名为employee的表对象
            DataTable dataTable = ds.Tables["employee"];
            //注释6:获得employee表的数据行DataRow集合的枚举对象IEnumerable
            var employeerows = dataTable.AsEnumerable();
            //注释7:获取用户在下拉列表中选择的部门对象
            Department dep = (Department)this.comboBox1.SelectedItem;
            //注释8:使用LINQ查询指定部门的员工记录
            var empsquery = from row in employeerows
                            where row.Field<int>("depid") == dep.id
                            orderby row["salary"]
                            select row;
```

```
        //注释9:设置DataGridView控件不自动生成列
        this.dataGridView1.AutoGenerateColumns = false;
        //注释10:设置DataGridView控件为只读
        this.dataGridView1.ReadOnly = true;
        //注释11:设置DataGridView控件的数据源
        this.dataGridView1.DataSource = empsquery.AsDataView();
        //注释12:刷新DataGridView
        this.dataGridView1.Refresh();
        //注释13:关闭数据库连接
        conn.Close();
    }
```

本章小结

本章通过设计一个部门员工查询程序的案例需求引入 LINQ 技术。LINQ 是整合在微软编程语言中的一项查询技术。通过这项技术可以很方便地以统一的方式来访问各种数据源，包括内存中的对象集合、ADO.NET 数据集、SQL Server 数据库以及 XML 文档等，对应 LINQ to Objects、LINQ to DataSet、LINQ to SQL 和 LINQ to XML 技术。其中，LINQ to SQL 技术提供了一个简单的方式来实现对象关系映射，提高了程序员的编程效率。最后，本章的案例中讲解了 DataGridView 控件的用法，该控件能很方便地在窗体中以表格的形式来显示数据。本章的重点是掌握 LINQ to DataSet 和 LINQ to SQL 的使用方法，以及如何使用 DataGridView 控件来显示查询数据。

习题

1. 使用 LINQ to SQL 技术实现第 6 章习题 2 的登录程序。
2. 设计一个员工信息查询程序，用户通过输入员工的姓名能查询出此员工相关信息。